세계시민을 위한 없는 나라 지리 이야기

세계시민을 위한 없는 나라 지리 이야기

초판 1쇄 발행 2022년 3월 5일
초판 9쇄 발행 2024년 7월 25일

지은이 서태동 한준호 배동하 이건 박상은 이태우 이대진
펴낸이 임경훈 | 편집 이현미
펴낸곳 롤러코스터 | 출판등록 제2019-000296호
주소 서울시 마포구 월드컵북로 400 서울산업진흥원 5층 2호
전화 070-7768-6066 | 팩스 02-6499-6067 | 이메일 book@rcoaster.com

ISBN 979-11-91311-12-9 03980

롤러코스터
Rollercoaster
Press

세계시민을 위한 없는 나라 지리 이야기

태어나보니 없었다,
그래도 잘살아가는
나라들

눈이 없는 나라
바다가 없는 나라
강이 없는 나라
나무가 없는 나라
갯벌이 없는 나라
밤이 없는 나라
전향력이 없는 나라

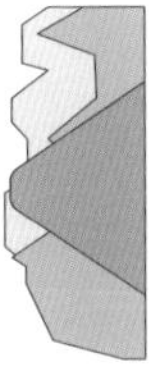

불편할 것
같지만
이유가 있다

인류가 만들어낸
'없는 역사'

세계 절반의 승인이 없는 나라
2011년 12월 30일이 없는 나라
식민 지배를 받은 역사가 없는 나라
전쟁이 없는 나라
적자가 없는 나라

공항이 없는 나라
철도가 없는 나라
자국 화폐가 없는 나라
현금이 없는 나라

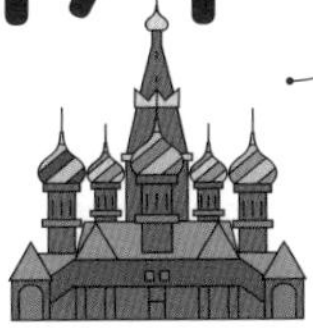

없는 듯 있는 나라,
이런 것도 없는 나라

스타벅스가 없는 나라
야생 포유류가 없는 나라
자원 걱정이 없는 나라
이름을 마음대로 지을 수 없는 나라
소고기를 좋아하는 사람이 없는 나라
길쭉한데도 알려진 적 없는 나라

서태동 한준호 배동하 이건 박상은 이태우 이대진 지음

머리말

"그런데 왜 '없는 나라'인가요?"

무척 신선했습니다. 콘셉트를 정하니 참신하고 재미있는 책을 쓸 수 있을 것만 같았습니다. 하지만 노트북 앞에 앉으니 원고 한 줄 쓰기도 쉽지 않았습니다. 왜 '없는 나라'에 대해 알아봐야 하는지, 어떤 내용을 담아야 할지 고민을 거듭할수록 '없는 나라'가 이상하고 어렵게 다가왔습니다. 오히려 '있는 나라'를 알아봐야 하지 않나 싶었습니다.

썼다 지우기를 반복하다 보니 참 난해한 콘셉트라는 생각도 들었습니다. 몇몇 저자는 절반 정도 쓴 원고를 엎어버리기도 했습니다. 여기엔 그럴 만한 이유가 있었습니다. 저자들은 지리 교사입니다. 그동안 학교 현장에서 각 나라의 주인공들을 주목해왔습니다. 극지방 나라를 이야기할 때는 오로라를 주목했고, 서남아시아 나라를 이야기할 때는 석유에 초점을 맞췄습니다. "A 나라에는 B가 있다", "C 나라

가끔은 당연한 것을 다른 시선으로 바라볼 수 있어야 합니다

에 여행을 간다면 꼭 D를 보았으면 좋겠다"라고만 말해왔지, 각 나라에 무엇이 없는지에 대해서는 상대적으로 소홀했습니다.

우리는 보통 한 나라에 '있는' 것만 조명하며 그 나라에 대해 잘 알고 있다고 생각합니다. 그러나 이는 동전의 한 면만 보면서 동전 전체를 알고 있다고 생각하는 것과 같습니다. 동전의 한 면인 '있는' 것과 함께, 다른 면인 '없는' 것도 살펴봐야 동전을 제대로 알 수 있습니다. 즉, 한 나라를 바라볼 때는 '있는' 것과 '없는' 것을 함께 보아야 그 나라를 오롯이 이해할 수 있습니다.

이 책은 '없음'에 주목한 지리 교양서입니다. 저자들은 세상이라는 동전을 뒤집어보기로 했습니다. '없는 것'은 우리가 눈을 돌리면 접할 수 있는 자연환경, 동식물을 비롯하여 제도나 문화, 역사 등 다양한 분야에서 나타났습니다. 심지어 '없는 것'으로 잘못 알려진 경우도 있었습니다. 소복소복 쌓이며 낭만을 선사하는 새하얀 눈, 비행기를 탄다는 사실만으로도 가슴 설레게 하는 공항이 우리나라 사람들에게는 당연히 존재하는 것이지만, 어떤 나라 사람들에게는 이런 눈과 공항의 존재가 당연한 것이 아닐 수 있습니다. 저자들은 각 나라 입장에서 그것이 왜 없는지, 없는 상황에서 어떻게 살아가고 있는지 살펴봤습니다. 무언가 없다면 얼핏 살기 어렵고 불편할 것 같지만, 없어도 잘 살아가는 나라들이 있었고, 없다는 것을 장점으로 활용하는 나라들도 있었습니다. 또한 없는 것을 극복하기 위해 노력하는 나라도 있었습니다.

이처럼 '없는 것'과 '있는 것'의 차이에서 세계 곳곳의 다양성을 파악할 수 있습니다. 다른 나라에 대한 관심과 호기심을 확장하다 보면, 나와 다른 이 세상 어디에선가 살아가고 있는 여러 나라 사람들의 생활을 이해하고 공감하게 됩니다. 이러한 관심과 이해, 공감 능력은 타인을 배려하는 토대가 됩니다. 이는 세계시민으로서 우리가 지녀야 할 자세 중 하나입니다.

우리는 오늘도 내일도 '지구'라는 한 공간에서 세계 여러 나라 사람들과 함께 살아갑니다. 지역 사회에서 우리를 위한 질문과 실천을 통해 서로가 연결되듯이, 세계에서도 우리를 위한 질문과 실천을 통해 서로가 연결될 수 있습니다. 우리는 그것을 기억하고, 보다 나은 세상을 만들기 위해 다양한 스케일의 삶터에서 책임감을 갖고 살아가야 합니다.

이 책은 중고등학생을 대상으로 썼습니다. 세계시민으로서 지적 토대를 갖추는 데 이 책이 보탬이 되기를 바랍니다. 또한 지리 교양을 넓히고 싶은 분들도 읽으시면 도움이 될 것입니다. 각 주제에 따라 그리고 독자에 따라 책의 내용이 쉬울 수도, 어려울 수도 있습니다. 그러면 관심 있는 주제와 나라부터 먼저 읽기를 추천드립니다. 또한 책에는 꼭지별 주제로 다루는 나라 외에도 여러 나라의 이름이 등장합니다. 인터넷 지도나 지리부도(사회과부도) 등 쉽게 구할 수 있는 지도를 옆에 두고 위치를 확인해가며 읽으면 더 좋습니다. 넓은 세상을 담은 지도는 보다 다양한 이야기를 들려줄 것입니다.

예능 프로그램에서 지리 퀴즈라고 하면서, 수도 이름을 맞히는 문제들이 나오고는 합니다. 몽골-울란바토르, 아이슬란드-레이캬비크를 아는 것도 지리입니다. 하지만 이 책을 통해 여러분은 '수도 이름 외우기'를 넘어서는 지리와 만나실 수 있을 것입니다. 저자들은 세상을 더욱 지리적으로 바라보는 교양인이 가득하기를 꿈꿉니다. 이 책에서 다루는 내용을 기초로 세상을 바라보는 통찰력과 지리적 상상력, 따스한 공감과 배려심을 키울 수 있기를 진심으로 바랍니다.

이를 통해 세계에 대한 입체적 사고를 하고 타인에 대한 관용의 자세를 가질 수 있다면 저자들은 큰 행복을 느낄 것입니다.

여러 선생님이 책을 함께 쓰다 보니 힘든 점도 있었지만, 그 속에서 많이 배우고 성장했습니다. 그리고 무엇보다 이렇게 멋진 책으로 열매 맺게 되어 참으로 기쁩니다. 출간 뒤 책 속에서 오류가 발견된다면, 그것은 전적으로 저자들이 부족한 탓입니다. 따끔하게 조언해주시면, 다음 기회에 반드시 반영하겠습니다.

롤러코스터 임경훈 대표께서는 처음 주제를 잡을 때부터 책이 완성되어 나오는 순간까지 함께 고생해주셨습니다. 진심으로 감사드립니다.

저자들은 지리와 지리교육의 대중화를 꿈꿉니다. 그리고 지리가 여러분에게 더욱 친숙해지기를 바랍니다.

저자들에게 소중한 지리가 여러분에게도 소중한 지리가 되는 그날을 기다립니다.

_2022년 2월 저자 일동

차례

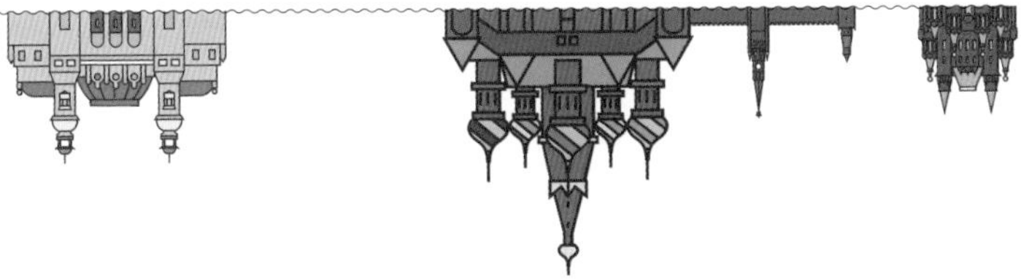

2 불편할 것 같지만 이유가 있다

3 인류가 만들어낸 '없는 역사'

4 없는 듯 있는 나라, 이런 것도 없는 나라

1

태어나보니
없었다,

그래도
잘살아가는
나라들

눈이 없는 나라

더 많은 볼거리,
더 많은 낭만!

싱가포르

동계 올림픽에 처음 참가한 나라

2018년 평창 동계 올림픽 개막식이 시작되자 각국 선수단이 입장합니다. 그 수많은 선수 가운데 싱가포르Singapore 선수는 단 한 명뿐입니다. 쇼트트랙 여자 1,500m에 출전한 샤이엔 고Cheyenne Goh. 더욱 놀라운 점은 싱가포르가 참가한 첫 번째 동계 올림픽이라는 사실입니다.

동계 올림픽은 4년마다 개최되는 겨울 종합 스포츠 대회입니다. 겨울 스포츠이기 때문에 대부분 경기가 눈과 얼음 위에서 펼쳐집니다. 크게 스키, 스노보드 같은 설상 종목과 아이스하키, 쇼트트랙, 피겨스케이팅 같은 빙상 종목으로 나뉩니다. 올림픽에 출전하기 위해서는 눈과 얼음 위에서 많은 연습을 해야 하는데, 싱가포르에는 눈과 얼음으로 이루어진 경기장이 거의 없어 그동안 동계 올림픽에 출전하는 선수가 없었습니다.

왜 싱가포르에서는 눈을 볼 수 없을까?

동남아시아 말레이반도 끝자락에 있는 싱가포르는 하나의 큰 섬과 60여 개의 작은 섬으로 이루어져 있습니다. 싱가포르는 말레이시아와 함께 영국의 식민 지배를 받다가 독립하면서 말레이 연방을 이루었는데, 1965년 연방에서 탈퇴해 독립 국가가 되었습니다. 면적은 우리나라 부산광역시와 비슷한 740㎢이고, 인구는 약 540만 명에 이르는 도시 국가입니다.

싱가포르는 북위 1°에 위치해 적도와 매우 가깝기 때문에, 연중 태양 복사 에너지를 많이 받아 기온이 높습니다. 독일의 지리학자 블라디미르 쾨펜Wladimir P. Köppen(1846~1940)의 기후 구분에 따르면 최한월(가장 추운 달) 평균 기온이 18℃ 이상이면 열대 기후로 분류하며, 싱가포르는 최한월 평균 기온이 26.6℃여서 열대 기후에 해당합니다. 최난월(가장 더운 달) 평균 기온인 28.4℃와 불과 1.8℃ 차이가 나고, 여름과 겨울의 구분이 없을 정도로 연교차가 매우 작습니다. 또한 연 강수량이 약 2,200㎜이고, 강수량이 가장 적은 달에도 100㎜ 이상일 정도로 일 년 내내 비가 많이 내려 매우 습합니다. 한마디로, 싱가포르는 연중 기온이 높고 강수량이 많은 전형적인 열대 우림 기후가 나타납니다.

구름을 이루고 있는 물방울들이 온도가 낮아지면 얼음알갱이가 되고, 이 얼음알갱이들이 땅으로 떨어지면서 눈이 만들어집니다. 그

싱가포르의 위치

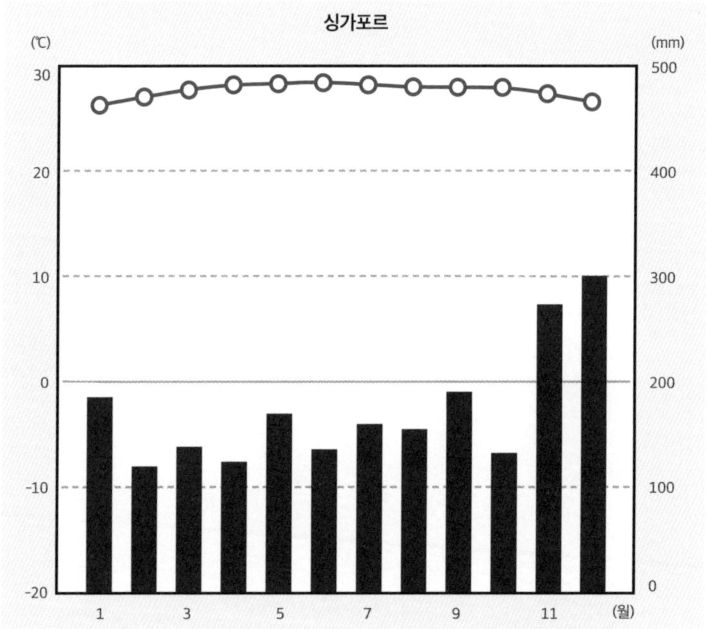

싱가포르의 기후 그래프를 보면, 기온이 1년 내내 20도가 넘고, 월 평균 강수량도 모두 100mm 이상이다.

연중 고온다습해 울창한 열대 우림이 나타나는
싱가포르

리고 지표면과 가까운 대기의 기온이 0℃ 이하이면 구름 속 얼음알갱이들이 지표 가까이 있는 대기를 만나도 녹지 않고 내리는 것이 바로 눈입니다. 싱가포르는 1929년 기상 관측이 시작된 이후 현재까지 일 최저 기온이 1934년 1월 31일 19.4℃였다고 하니, 당연히 눈을 볼 수 없지요.

싱가포르처럼 저위도에 위치해 열대 기후가 나타나거나, 겨울이 온화한 온대 기후 나라에서는 눈 내리는 모습을 보기 힘듭니다. 하지만 이러한 나라에서도 해발 고도가 높은 산지로 올라가면 기온이 낮아지면서 눈을 볼 수 있습니다. 해발 고도가 100m 높아질수록 기온은 약 0.6℃ 낮아지며, 이를 환경 기온 감률이라고 합니다. 그래서 평지에서는 비가 내리는데, 해발 고도가 높은 산지에서는 눈이 내리는 모습을 볼 수 있습니다. 예를 들어 오스트레일리아 서부의 도시 퍼스Perth에서는 지상에 눈이 내린 적이 한 번도 없다고 합니다. 퍼스는 온대 기후가 나타나고, 해안 근처 평지에 자리 잡은 도시입니다. 하지만 퍼스 인근에 있는 해발 고도 1,099m의 블러프놀Bluff Knoll산 정상부에서는 겨울에 눈이 종종 내려 스키 리조트 클럽도 운영됩니다. 기온이 5℃일 때 퍼스에는 눈이 내리지 않지만, 같은 대기 상황일 경우 블러프놀산 정상은 환경 기온 감률에 따라 -1℃가 되어 눈이 내릴 수 있습니다.

그럼 싱가포르에서도 높은 산지로 올라가면 눈을 볼 수 있지 않을까요? 아쉽게도 도시 국가에 해당할 정도로 규모가 작은 싱가포르는 높은 산이 없습니다. 가장 높은 지점의 해발 고도가 164m로, 작

말레이시아의 최고봉 키나발루산

은 언덕 정도밖에 되지 않아 눈을 볼 수가 없습니다. 1965년까지 하나의 나라를 이루었던 말레이시아는 기후가 비슷하지만 해발 고도 4,095m의 키나발루산 정상에서 눈을 볼 수 있는 반면, 싱가포르는 열대 기후이면서 높은 산이 없기 때문에 눈을 볼 수 없는 거지요.

눈 없는 나라의 일상, 열대 기후의 장점을 살리다

항상 무더운 가운데 생활하는 싱가포르 사람들은 날씨에 맞춰 할 수 있는 다양한 스포츠를 즐깁니다. 뜨거운 햇볕이 내리쬐는 낮에는 가급적 야외 운동을 지양하고, 오후 해 질 무렵 가벼운 복장으로 달리기를 하거나 자전거를 타는 생활 스포츠를 즐겨 합니다. 또한 시원한 실내에서 할 수 있는 배드민턴, 스쿼시, 수영 등의 스포츠는 이들의 일상생활이기도 하지요. 싱가포르 정부 또한 실내 스포츠를 건강한 국가 발전의 필수 요소로 인식하고, 지속적인 체육활동을 장려하고 있습니다.

눈이 내리지 않는다고 해서 싱가포르에 낭만이 없는 것은 아닙니다. 2019년 9월 글로벌 금융 기업 마스터카드Mastercard Worldwide가 발표한 자료에 따르면, 싱가포르는 외국인이 가장 많이 방문한 도시 5위에 뽑혔습니다. 싱가포르 관광청은 2018년부터 "열정이 가능성을 만들었다Passion Made Possible"라는 슬로건을 내걸고 있습니다. 싱가포르에서 새로운 것을 체험하려는 열정적인 관광객들에게 고온다습한 환경에서도 낭만을 즐길 수 있는 매력적인 관광 상품들을 홍보하고 있지요. 또한 미래 성장 동력 중 하나로 관광서비스업을 더욱 활성화하려 노력하고 있습니다.

싱가포르의 랜드마크로는 2010년 개장한 복합 리조트 마리나베이샌즈가 유명합니다. 우리나라의 쌍용건설이 시공한 것으로도 잘 알려진 이 리조트에서, 주 건물(타워) 3개의 최상층을 연결한 스카이파크에 있는 루프탑 수영장 '인피니티 풀'은 관광객이라면 꼭 가보고 싶어 하는 곳입니다. 야외 수영장뿐 아니라 마리나베이샌즈 내부에는 프리미엄 복합 쇼핑몰이 있어 시원하게 에어컨 바람을 쐬며 쇼핑할 수 있고, 다채로운 체험 시설을 갖추고 있어 관광객들에게 매력적인 장소로 인기를 끌고 있습니다. 쇼핑 천국 싱가포르는 세계 곳곳에서 찾아오는 연간 방문객 수가 총인구의 3배에 달하며, 쇼핑이 한 해 관광 산업 수입의 약 20%를 차지할 정도입니다. 또한 일 년 내내 더운 기후 특성상, 싱가포르 국민도 평소에 여가 생활을 위해 쇼핑몰을 자주 이용한다고 합니다.[1]

싱가포르의 기후에는 에어컨이 매우 중요합니다. 실내 쇼핑몰에는 당연히 필수적인 시설이지요. 싱가포르의 국부로 칭송받는 리콴유李光耀(1923~2015) 전 총리는 에어컨을 '싱가포르 성공의 일등공신'으로 삼았다고 합니다. 무더운 기후로 업무와 생활에서 효율성이 떨어지는 것을 막기 위해, 총리가 에어컨을 마음껏 틀 수 있도록 한 것이 경제 성장에 큰 역할을 했다는 것입니다.

인공적으로 조성된 실내 수영장 등에서 시원하게 관광을 즐기는 방법도 있지만, 자연 속에서 열대 기후의 식생을 직접 체험할 수 있는 관광 프로그램도 잘 개발되어 있습니다. 싱가포르는 기후 특성상

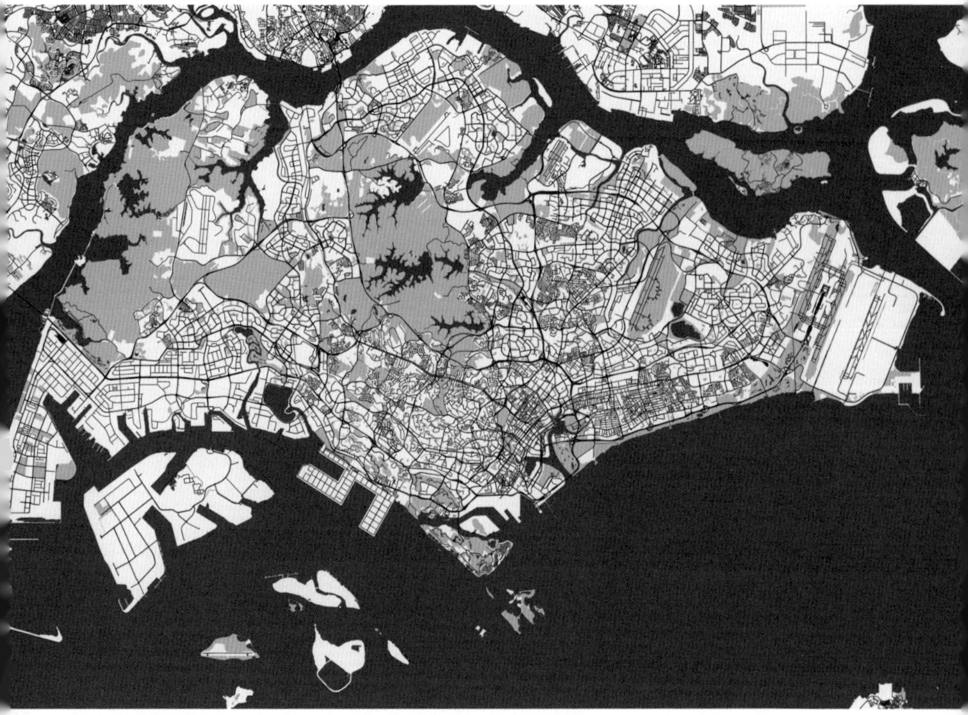

싱가포르가 국가적으로 보호하고 있는 열대 우림 분포도(초록색 부분이 열대 우림이다)

푸르고 잎이 넓은 큰 나무들과 덩굴식물들이 어우러지는 울창한 열대 우림rainforest이 발달해 있습니다. 싱가포르는 도시 국가임에도 불구하고, 대규모 열대 우림인 부킷티마Bukit Timah와 센트럴캐치먼트 Central Catchment 등을 자연 보호 구역으로 지정해, 서식하는 동식물을 보호하려 노력하고 있지요.

500종 이상의 동물과 840종 이상의 꽃이 피는 식물이 있는 '부킷티

싱가포르의 유명한 관광지
마리나베이샌즈

마리나베이샌즈 산책로에 있는 인공 구조물

마'에서는 일부 활동이 제한되기는 하지만, 싱가포르 토착 식물과 야생 동물들을 볼 수 있고 등산과 산악자전거 등을 즐길 수도 있습니다. 그리고 센트럴캐치먼트 안에는 싱가포르 동물원, 야행성 동물을 테마로 한 나이트 사파리, 강을 테마로 한 리버 사파리를 비롯해 여러 관광 장소가 조성되어 있습니다. 싱가포르 동물원은 울타리나 철조망이 아닌 나무나 바위 등으로 경계를 구분하도록 조성한 것이 특징입니다. 자연훼손을 최소화하려 노력한 결과입니다. 인간과 자연이 공존하는 방법을 모색한 이곳에는 우리나라에서 볼 수 없는 다양한 동식물이 있어, 가족 단위 관광객이 현장 체험의 의미로 많이 찾고 있지요.

비록 소복소복 쌓이는 눈을 바라보는 낭만은 없지만, 싱가포르는 연중 덥고 습한 환경을 이용해 관광객들에게 잊지 못할 낭만을 선물합니다. 새하얀 눈이 오는 화이트 크리스마스를 기대하는 우리나라와 달리, 색다른 느낌이 물씬 나는 싱가포르의 크리스마스는 관광객들에게 마법과 같은 시간을 선사합니다. 두툼한 외투를 입고 목도리를 두르고 맞이하는 우리나라의 크리스마스와는 상반된 모습이지요?

싱가포르를 비롯해 눈을 가까이할 수 없는 나라 사람들은 겨울에 눈을 구경하고 눈썰매, 스키, 스노보드를 즐기러 관광을 떠나기도 합니다. 우리나라도 동남아시아 관광객을 대상으로 강원도 5개 스키장에서 '스키 코리아 페스티벌'을 여는 등 관광객 유치에 힘쓰고 있습니다.

눈이 내리지 않으면 삶의 큰 재미를 못 느끼고 살 것 같지만, 싱가포르 사람들은 자신들의 기후환경을 활용하여, 새로운 즐길 거리를 만들어내기도 하고 눈을 체험하기 위해 다른 나라로 여행을 가는 등 싱가포르의 환경에 맞게 잘 살아가고 있습니다. 이처럼 지금 무언가가 없다고 아쉬워하는 것을 넘어, 우리의 환경에 걸맞은 방법을 찾아내고, 다른 환경의 나라 사람들과 어울려 사는 것이 바로 세계시민다운 생활방식이라 할 수 있을 것입니다.

바다가 없는 나라

바다에 대한
그리움은 영원하다

몽골

내륙국은 어디에 있나?

3면이 바다로 둘러싸인 우리나라에서는 바다가 그리 낯설지 않습니다. 우리나라 내륙 지역에 사는 사람도 2~3시간만 이동하면 바다를 만날 수 있습니다. 그런데 바다와 접하는 영토가 없고, 4면이 육지로만 둘러싸여 바다를 볼 수 없는 나라도 있습니다. 이러한 나라를 내륙국Landlocked Country이라고 부릅니다.

다음 쪽의 지도는 세계의 내륙국을 보여줍니다. 대표적인 내륙국을 살펴볼까요. 아메리카에는 내륙국이 별로 없는데, 남아메리카의 볼리비아와 파라과이가 눈에 띕니다. 그리고 유럽에는 스위스, 오스트리아, 헝가리 등 중부·동부 유럽 나라들이 내륙국이고, 아프리카에서는 사하라 사막 일대의 말리, 동아프리카의 에티오피아, 남아프리카의 보츠와나와 짐바브웨 등이 눈에 띕니다. 아시아에도 내륙국이 꽤 많은데, 중앙아시아의 '-스탄'으로 끝나는 나라 대부분이 내륙

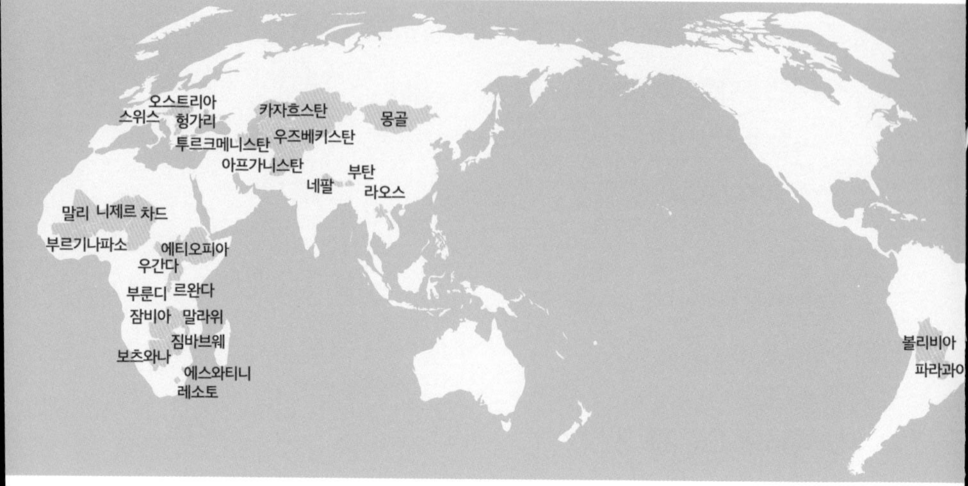

전 세계 내륙국의 분포

국입니다. 그리고 네팔, 라오스, 몽골 등도 지도에서 보입니다. 이렇게 지구 면적의 약 70%가 바다임에도 불구하고, 바다를 접하지 않는 내륙국은 의외로 많습니다.

해상 무역의 중요성

바다와 접하지 않은 나라는 어떤 점이 불편할까요? 해수욕도 할 수 없고, 생선회를 먹기도 힘들며, 여러 해저 자원도 구하기 어려울 것입니다. 이보다 더 중요한 것은, 예로부터 바다는 다른 나라와 물자를 교역하는 데 중요한 교통로 역할을 해왔다는 점입니다. 해상에서 배를 이용하면 한 번에 많은 물자를 운반할 수 있습니다. 유럽에서 '지리상의 발견 시대' 이후 해상 무역에 뛰어든 포르투갈, 네덜란드, 영국 등 많은 나라가 경제적으로 번창했습니다. 그리고 20세기 이후 컨테이너선을 통한 해상 무역의 활성화는 바다의 중요성을 부각시켰습니다. 러시아가 겨울철에도 얼지 않는 항구를 얻기 위해 끊임없이 주변 나라를 침략했던 것을 떠올려보면, 바다가 얼마나 중요한 의미를 지니는지 알 수 있습니다.

제1차 세계 대전에서 패배한 오스트리아와 헝가리는 아드리아해와 접한 영토를 잃어 지금까지도 해상 무역을 다른 나라 영토에 의존하고 있습니다. 볼리비아도 칠레와의 전쟁에서 패해 아타카마 사막 일대 영토를 잃고 내륙국으로 전락해, 지금도 칠레와 페루를 통해 해상 무역을 하고 있습니다. 볼리비아는 큰 호수인 티티카카호에서 해군 훈련을 하면서, 언젠가 바다를 접한 영토를 찾아올 날을 기다린다고 합니다. 바다가 아니라 호수에서 '해상' 훈련을 한다니, 흥미롭지요.

바다는 기후를 만들어요

바다가 없는, 나아가 바다에서 멀리 떨어진 입지 조건은 한 나라의 기후에도 큰 영향을 미칠 수 있습니다. 육지의 어느 지점이 바다에서 멀리 떨어진 정도를 나타낸 지수를 '격해도隔海度'라고 합니다. 격해도가 높을수록 바다의 영향을 적게 받는다는 의미입니다. 바다는 육지에 수증기를 공급합니다. 우리나라의 기후 특성을 예로 들어 바다의 영향을 알아볼까요. 우리나라는 장마와 태풍으로 여름철에 비가 많이 내립니다. 장마와 태풍은 모두 바다에서 건너온 수증기 덩어리 때문에 만들어진 비구름입니다. 그런데 세계에서 가장 큰 땅덩이인 유라시아 대륙 내부에 위치한 몽골 및 중앙아시아 여러 내륙국은 바다에서 멀리 떨어져 격해도가 가장 높습니다.

이러한 이유로 유라시아 대륙 내부에는 건조 기후가 널리 나타나고, 몽골 및 중앙아시아는 드넓은 사막과 초원으로 이루어져 있습니다. 쾨펜의 기후 구분에 따르면 건조 기후는 연 강수량이 500㎜ 미만이면서 연 강수량보다 연 증발량이 많은 지역입니다. 건조 기후는 사막BW과 스텝BS 기후 지역으로 구분됩니다. 사막은 연 강수량이 250㎜ 미만인 매우 건조한 지역으로 인간이 접근하기 쉽지 않고, 스텝 기후 지역은 연 강수량이 250~500㎜로 사막보다 조금 더 습윤합니다. 따라서 건조 기후 지역에서 인간의 주된 활동 무대는 스텝 기후 지역에서 볼 수 있는 초원입니다.

강수량이 부족해 숲을 이룰 만큼 나무가 자라지는 못하지만, 사람들은 초원에서 양, 낙타, 말과 같은 가축을 기르며 살아왔습니다. 그리고 이들은 가축들이 특정 지역의 풀을 다 먹으면 새로운 풀을 찾아 이동하는 유목 생활을 해왔습니다. 그러다 보니 건설과 해체가 편리한 이동식 가옥에서 살았으며, 오늘날 캠핑에서 사용되는 텐트를 연

듬성듬성 풀이 자라난 초원과 이동식 가옥

상하면 이해하기 쉽습니다. 이들은 가축의 젖을 통해 수분과 영양소를 공급받고, 고기가 풍족해 육류 중심의 식食문화가 발달했습니다. 이처럼 바다가 없는 유라시아 대륙 내부의 유목민들은 스텝 기후 지역에서 가축을 키우며 자연환경에 적응해 살아왔습니다.

몽골에는 정말 바다가 없었나?

유라시아 대륙의 내륙국 가운데 몽골Mongolia에 대해 살펴보겠습니다. 몽골은 현재 국토가 바다를 접하고 있지 않지만, 한때는 '바다'가 있었습니다. 고생대, 13세기경, 현재와 같이 세 시기로 나눠, 몽골이 '어떤 바다'를 접하고 살았는지 살펴봅시다.

첫째, 고생대에 몽골에는 바다가 있었습니다. 몽골의 남부, 중국의 네이멍구(내몽골) 자치구를 따라 아시아에서 가장 큰 고비 사막이 펼쳐져 있습니다. 고비는 몽골어로 '거친 땅'이란 뜻입니다. 몽골 사람들은 강수량이 부족해 풀이 잘 자라나지 않는 지역을 '고비'라고 불렀습니다. 따라서 고비 사막이란 같은 의미의 단어를 반복해서 부르는 것입니다. 그런데 놀랍게도 고비 사막에는 고생대에 넓은 바다가 있었습니다. 차간수바르가Tsagaan Suvarga라고 불리는 지역에서는 과거 바다의 흔적을 관찰할 수 있습니다. 차간수바르가 지역은 고생대에 얕은 바다에서 퇴적된 고운 실트 퇴적층이 분포해 있는데, 이를 통해 과거에 바다였음을 추론할 수 있습니다. 당시에는 단세포 생명체와 플랑크톤이 번성했기 때문에, 아쉽게도 우리 눈에 띌 만한 크기의 생명체 화석은 관찰하기 어렵습니다.

차간수바르가를 덮고 있던 바다는 왜 사라졌을까요? 지구의 지각은 대륙판과 해양판으로 구성되어 있으며, 아주 느린 속도로 끊임없이 움직입니다. 그런데 해양판은 대륙판보다 조금 더 무거워 대륙판 아래로 미끄러져 들어가며 천천히 사라지고 있습니다. 그 과정에서

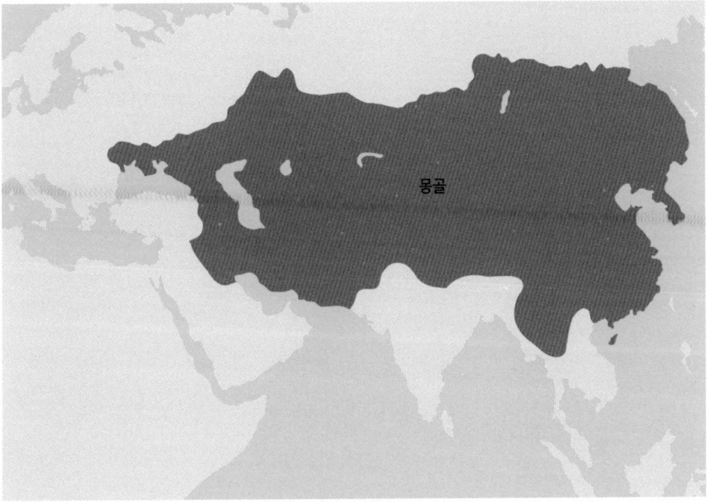

1279년경 전성기 몽골 제국이 영향력을 행사한 지역(World history encyclopedia)

차간수바르그가의 지층이 대륙판에 엉겨 붙어 오늘날까지 남게 되었습니다. 이처럼 바다가 생기고 사라지는 과정을 '윌슨 사이클Wilson Cycle'이라고 부릅니다. 지금 세계에서 가장 넓은 태평양도 2억 년쯤 뒤에는 사라질 운명이라고 하네요. 물론 우리 중에서 2억 년 동안 살아 있을 사람은 없으니, 우리가 살고 있는 땅이 갑자기 바다 밑으로 잠길까 봐 걱정할 필요는 없겠지요.

둘째, 몽골은 13세기경 드넓은 영토를 지배할 때 바다를 접하고 있었습니다. 위 지도와 같이 몽골은 한때 유라시아 대륙의 매우 넓은 범위를 지배해, 세계에서 가장 넓은 면적을 통치한 제국이었습니다. 몽골 제국의 성장 배경 중 하나는 몽골의 척박한 기후 조건이었습니

과거 바다의 흔적이 남아 있는 차간수바르가

다. 몽골인들은 유목 생활을 하며 이동 수단으로 말을 즐겨 탔습니다. 심지어 몽골 아이들은 걷기 전에 말부터 탄다는 이야기도 있습니다. 창과 방패가 주된 무기이던 시기에 한 마리의 말은 오늘날 현대전에서 탱크 한 대만큼의 위력을 발휘했습니다. 게다가 몽골 병사들은 전쟁 때면 말을 타고 이동하면서 먹고 자는 것을 해결했다고 합니다. 칭기즈 칸(1162~1227)이 이끄는 몽골의 기마병은 세계 최고 경쟁력을 갖추고, 유라시아 대륙 내부의 초원길과 사막길을 지배했습니다. 그리고 몽골은 당시 한족의 나라인 남송을 정벌해 바다를 접하게 되었습니다.

이슬람 상인들을 포섭해 아라비아와 페르시아에서 동남아시아를 거쳐 중국에 이르는 해상 무역로를 장악하면서 몽골은 세계 제국으로 거듭났습니다. 이 시기에 몽골이 바다를 인식하고 있었다는 점을 현재 몽골어와 문화의 흔적에서 찾을 수 있습니다. 몽골어에는 '바다'라는 표현이 다양하게 존재하고, 고대부터 배를 활용했으며, 16세기 중반 티베트 불교와 접촉하면서 티베트 불교의 지도자에게 '깊고 큰 라마'라는 의미를 지닌 '달라이 라마'라는 칭호를 선사한 것에서도 입증됩니다. '달라이'는 몽골어로 '바다'라는 뜻입니다.[2]

셋째, 현재 몽골인들이 '바다'로 여기는 거대한 호수가 있습니다. 고생대와 13세기에 있던 바다는 비록 현재 몽골 국토에 남아 있지 않지만, 몽골인들은 몽골 북부에 위치한 거대한 홉스굴호Lake Hovsgol를 바다로 인식하고 있습니다. 홉스굴호는 몽골인들에게 '홉스굴 달라이Hovsgol Dalai'로 불렸는데, 이는 '홉스굴 바다'라는 뜻입니다.

또한 '어머니의 바다'로도 불렸는데, 바다가 없는 몽골에서 바다만큼 넓은 호수는 신성한 대상이었을 것입니다. 더군다나 바다에서 멀어 비가 잘 내리지 않고 물이 귀한 몽골에서 엄청난 규모의 담수호인 홉스굴호는 남다른 의미를 지녔을 것입니다. 이처럼 거대한 지구 내부의 에너지는 몽골에 있던 바다를 없애기도 했지만, 드넓은 호수를 형성하며 '어머니의 바다'를 몽골인들에게 가져다주기도 했습니다.

홉스굴호는 어떻게 만들어졌을까요? 차간수바르가와 비슷하게 지구 내부의 거대한 힘 때문에 생겼습니다. 러시아에 위치한 바이칼호는 세계에서 가장 깊은 호수로, 최고 수심이 무려 1,620m입니다. 몽골의 홉스굴호는 바이칼호와 비교적 가까이 있어, 두 호수를 '자매 호수'라고 부르는데, 지질학적 형성 과정도 유사합니다. 이 일대에서 지각판이 멀어지는 현상이 발생했는데, 이곳 '바이칼 지구대'에서 커다란 단층 작용과 관련해 골짜기가 만들어졌습니다. 이 분지에 물이 고여 거대한 두 개의 호수가 만들어진 거죠. 홉스굴호의 면적은 제주도의 약 1.5배이며, 세계에서 열네 번째로 큽니다.

홉스굴호는 단층호이기 때문에 깊고 담수량이 많습니다. 자연적 작용으로 만들어진 호수에는 빙하호, 우각호, 석호, 화구호, 폐색호, 단층호 등이 있습니다. 세계에서 가장 깊은 바이칼호와 2위인 탕가니카호는 모두 단층호입니다. 홉스굴호는 가장 깊은 곳이 267m이지만, 호수 면적을 고려했을 때 매우 깊은 편인 데다 몽골에 있는 호수 중에서 가장 깊고 담수량이 많습니다. 몽골 담수의 약 70%를 보유할 정도라고 합니다. 홉스굴호의 수면 해발 고도는 1,645m로, 고

몽골인들이 바다처럼 생각하는 홉스굴호

원 지대에 위치해 넓은 면적과 맑은 수질에 비해 많은 종류의 물고기가 살지는 않습니다. 홉스굴호는 주변 하천에서 흘러드는 물과 단층 작용으로 생긴 틈에서 올라오는 지하수로 채워진다고 합니다. 몽골 사람들은 바다 대신 지각판의 움직임으로 만들어진 거대한 홉스굴호를 '바다'라고 부른답니다.

내륙국 몽골이 바다로 가려는 까닭은?

세계 10대 자원 부국인 몽골은 바다와 접하지 않아 국제 교역을 위한 철도와 항만 등 국제 물류망 확보가 쉽지 않습니다. 그래서 자국의 철광석, 석탄 등 풍부한 광물 자원을 인접한 중국과 러시아에 불리한 조건으로 수출하고, 해당국에 대한 무역 의존도가 지나치게 높은 편입니다. 몽골은 교역 통로를 다변화함으로써 국가 생존 전략을 수립하려 힘쓰고 있으며, 우리나라에도 여러 해운 물류 협력 사업을 제안했다고 합니다.[3] 세계 지도에서 볼 수 있듯이, 우리나라가 몽골에서 가까운 바다 국가 중 해양으로 진출하기에 용이하기 때문입니다.

13세기 고생대 바다는 몽골에 현재적 의미가 없고 현재의 바다도 사실은 호수이기에, 몽골은 '바다가 없는 나라'입니다. 몽골 정부는 이러한 내륙국의 한계를 극복하기 위해, 바다와 접한 나라와 적극적인 외교 정책을 추진하는 것입니다. 우리나라가 관심을 갖고 적극적으로 협력하면 '윈윈win-win 전략'이 될 수 있지 않을까요?

강이 없는 나라

물을 둘러싼
갈등과 분쟁
그리고 혁신

사우디아라비아

3

물은 필수 불가결한 요소,
그런데 강이 없다!

물은 삶 그 자체입니다. 우리는 아침에 일어나 물 한 잔과 함께 하루를 시작합니다. 외출하려고 머리 감고 샤워할 때도, 맛있는 음식을 만드는 채소와 곡물을 기를 때도 물이 필요합니다.

모든 지구 생명은 물에 기반을 두고 있기 때문에, 과학자들은 우주에서도 물이 있는 행성을 찾기 위해 노력합니다. 사람도 신체의 70%가 물로 구성되어 있어 물이 없으면 생존할 수 없습니다. 또한 지구 표면의 70%가 물로 덮여 있어, 우주에서는 지구가 파란 구슬처럼 보일 정도입니다. 고대 그리스 철학자 탈레스(BC 625?~BC 547?)는 '물이 만물의 근원'이라고 주장했습니다. 아리스토텔레스 역시 땅, 공기, 불과 함께 물은 지구상 모든 생명체에게 꼭 필요한 요소라고 이야기했습니다.

지구를 암석권, 수권, 기권, 생명권으로 구분하는데, 그중 수권은 물을 의미합니다. 물은 고체인 얼음, 액체인 물, 기체인 수증기 중 하나의 형태로 존재합니다. 지구에는 물이 많지만, 대부분 바다에 있습니다. 바다는 넓지만 염도가 높기 때문에 우리가 직접 사용하기 어렵습니다. 바다를 제외한 나머지 물의 대부분은 얼음 형태로 있습니다. 얼음은 남극, 그린란드, 북극, 해발 고도가 높은 산지에 두꺼운 빙하 형태로 되어 있는데, 빙하를 우리가 바로 사용하기는 어렵습니다. 그리고 빙하를 제외한 나머지 물은 대부분 지하수로 있습니다. 인간이 사용하려면 지하수가 있는 곳까지 우물을 파서 끌어 올려야 하기 때문에 이용하기가 쉽지 않습니다. 결국 지구에는 물이 많지만, 대부분 사용하기 힘든 셈입니다.

지구에 있는 물 중 극히 일부가 강물입니다. 지하수가 많아 지표면 중 고도가 낮은 곳에 물이 노출되어 고여 있거나 흐르는 것을 호수나 하천이라고 부릅니다. 현재 우리가 물을 부족함 없이 쓸 수 있는 것은 지표면에 있는 강에서 물을 공급받기 때문입니다. 한반도 중부에 해당하는 수도권, 충청북도 북부, 강원도 영서 지방 일대 주민들은 한강에서 식수를 공급받고 있습니다. 산업화로 인한 눈부신 경제 성장을 빗대어 '한강의 기적'이라고 부르는 것처럼, 강은 곧 인간 사회를 대표하는 의미로도 사용됩니다. 그래서 인류 문명이 시작된 고대 유적도 큰 강 인접 지역인 경우가 많아, 인더스 문명, 황허 문명처럼 강의 이름을 따서 붙이기도 합니다.

물은 다양한 용도로 쓰입니다. 먹고 마실 수 있는 식수, 몸을 씻거

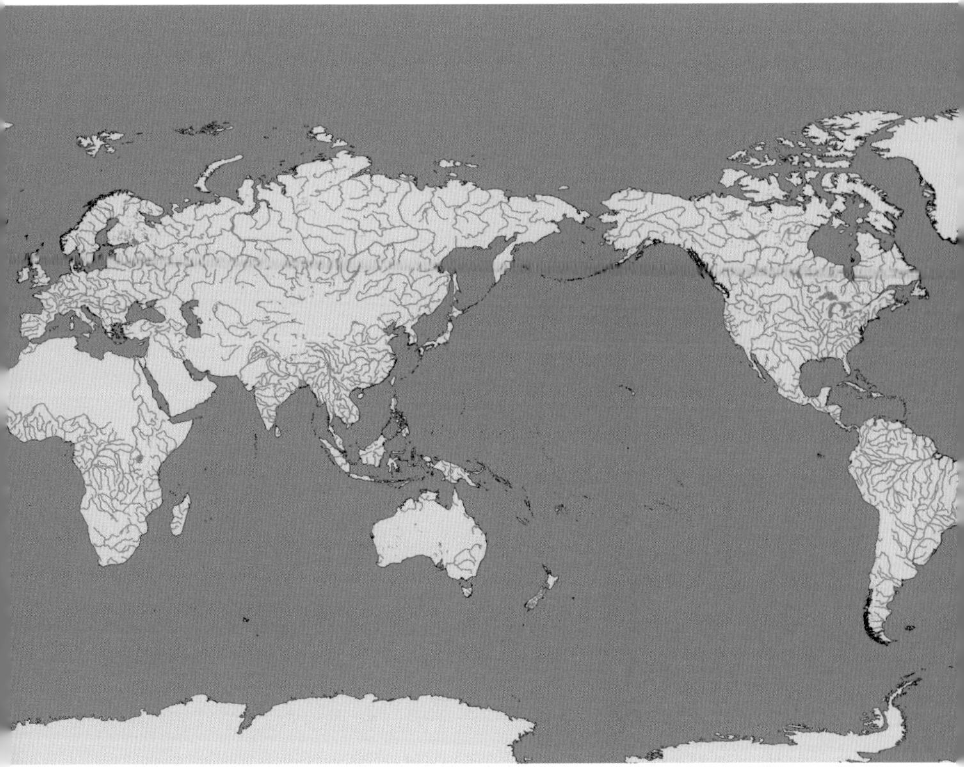

세계의 주요 하천

나 청소할 때 쓰는 생활용수, 식재료에 필요한 농업용수, 공장이 가동하는 데 중요한 공업용수 등을 공급해줍니다. 뿐만 아니라 미시시피강, 창장강(양쯔강), 라인강 등에서 볼 수 있는 것처럼, 강은 배를 이용해 내륙 곳곳을 이어주는 중요한 교통로 역할을 합니다. 게다가 내륙의 영양분을 바다로 공급해 바다 생태계를 풍요롭게 해줍니다. 강은 수많은 관광객을 끌어들이는 관광 자원이 되기도 하는데 나일강, 아마존강, 짜오프라야강이 세계적으로 유명합니다. 이처럼 강은 인간의 삶에 필수 불가결한 요소입니다.

살인적인 더위와 유목 생활

강은 인간 생활에 꼭 필요하지만, 강이 없는 나라도 있습니다. 지구에 있는 물은 순환합니다. 바다나 호수에서 증발한 수증기는 구름이 되고, 산지에 내린 비는 중력을 따라 흐릅니다. 일반적으로 비를 통해 내려온 물이 산 사면을 타고 내려오면서 물줄기들이 모여 강이 만들어집니다. 즉, 비가 내려야만 강이 만들어질 수 있습니다.

하지만 연중 강수량이 거의 없고 적도에서 상승한 기류가 상층에서 하강해 생성된 아열대 고압대의 영향을 받는 곳은 늘 날씨가 맑고 비가 잘 내리지 않습니다. 아열대 고압대의 영향을 받는 나라는 강수량이 적고 증발량이 매우 많은 건조한 날씨가 지속되는데, 그러다 보니 지표면에 물이 말라붙고 강이 쉽게 만들어지지 않습니다. 아열대 고압대의 영향을 크게 받는 대표적인 나라는 사우디아라비아Saudi Arabia입니다.

사우디아라비아는 아라비아반도 대부분을 차지하는 서남아시아에서 가장 큰 아랍 국가입니다. 넓이가 약 5만7,000㎢인 북부의 네푸드 사막과 약 65만㎢인 남부의 룹알할리 사막이 있어, 세계 최대 연속된 사막 지대를 가진 국가이지요. 일반적으로는 사막에도 아주 가끔 비가 내리는데, 룹알할리 사막에서는 10년 동안 비가 전혀 내리지 않는 경우도 종종 있다고 합니다. 또한 한여름에는 기온이 50℃까지 올라가 살인적인 더위가 이어진다고 합니다.

이렇게 덥고 건조한 지역에서 어떻게 살아갈까요? 인간은 이처럼 혹독한 기후 환경에서 적응할 방법을 찾아냈습니다. 지표면이 건조해 지표로 흐르는 하천이 증발하기 때문에 지하수를 강처럼 흐르게 만들었습니다. 사우디아라비아뿐만 아니라 이란, 이라크, 시리아 등 건조한 지역에서는 높은 산에서 눈이 녹아 생긴 물이 지하수로 들어오면, 사람이 사는 곳까지 흐르도록 지하에 물길을 만들었습니다. 이러한 지하 수로를 이란에서는 '카나트qanat'라고 부릅니다. 지역에 따라 '포가라', '카레즈'라고도 하지만, 원리는 모두 같습니다.

이 지역 사람들은 강이 없는 환경에 적응해 살아갑니다. 전통적으로 물을 구할 수 있는 곳에서 유목과 오아시스 농업을 통해 이동과 정착 생활을 반복해왔습니다. 그래서 우주처럼 광활한 사막에서 물을 구할 수 있는 오아시스에만 별처럼 정착지가 형성되었습니다. 이러한 정착지를 이어주며 상업에 종사하는 사람도 많은데, 건조한 환경에서도 잘 견디는 낙타를 이용해 무역하는 상인들을 대상隊商이라고 합니다. 하천이 없다 보니 지하수에서 물을 공급받아 나무도 기르고 작물을 경작합니다. 이렇게 생산된 농작물은 대부분 자체 소비되며, 최근에는 무화과나 대추야자의 수요가 증가해 유럽이나 북아메리카로 수출하기도 한다고 합니다. 우리나라에서도 사우디아라비

사우디아라비아의 타는 듯한 사막

아의 농산물을 수입하는데, 특히 대추야자는 달콤할 뿐만 아니라 식이섬유가 많아 변비로 고생하는 사람들에게 인기가 높습니다.

사막을 옥토로 바꾸기 위해

하지만 유목과 오아시스 농업과 같이 전통적인 농업 방식에는 한계가 있습니다. 그래서 사우디아라비아는 국민에게 필요한 식량을 자급할 수 없어 늘 수입에 크게 의존해왔습니다. 국제 관계가 악화되거나 식량 가격이 급변하면 식량 안보에 위기가 닥칠 수 있어, 사우디아라비아는 기술 발전과 함께 다른 지역에서 보기 힘든 경작 형태를 개발했습니다. 그것은 바로 사막을 옥토로 바꾼 중앙회전식 원형 관개 농법center pivot irrigation입니다.

사우디아라비아 상공에서 비행기나 인공위성이 촬영한 영상을 보면 사막 가운데 초록 동그라미가 모여 있는 모습을 볼 수 있습니다. 그 초록 땅은 원형 관개 농법이 이루어지는 경작지입니다. 관개는 물을 댄다는 뜻인데, 중앙회전식 원형 관개 농법은 미국 텍사스주의 건조한 지역에 살았던 농부 프랭크 자이바흐Frank Zybach가 1949년에 발명했습니다. 이 농법은 중심에서 파이프라인이 돌면서 원형으로 물을 분사하는 방식이므로 지름 500~1,000m 정도의 넓은 면적을 경작할 수 있어, 특히 건조한 지역에서 널리 활용하고 있습니다. 비가 많이 오는 지역에서는 빗물에 토양의 영양분이 녹아 흘러가

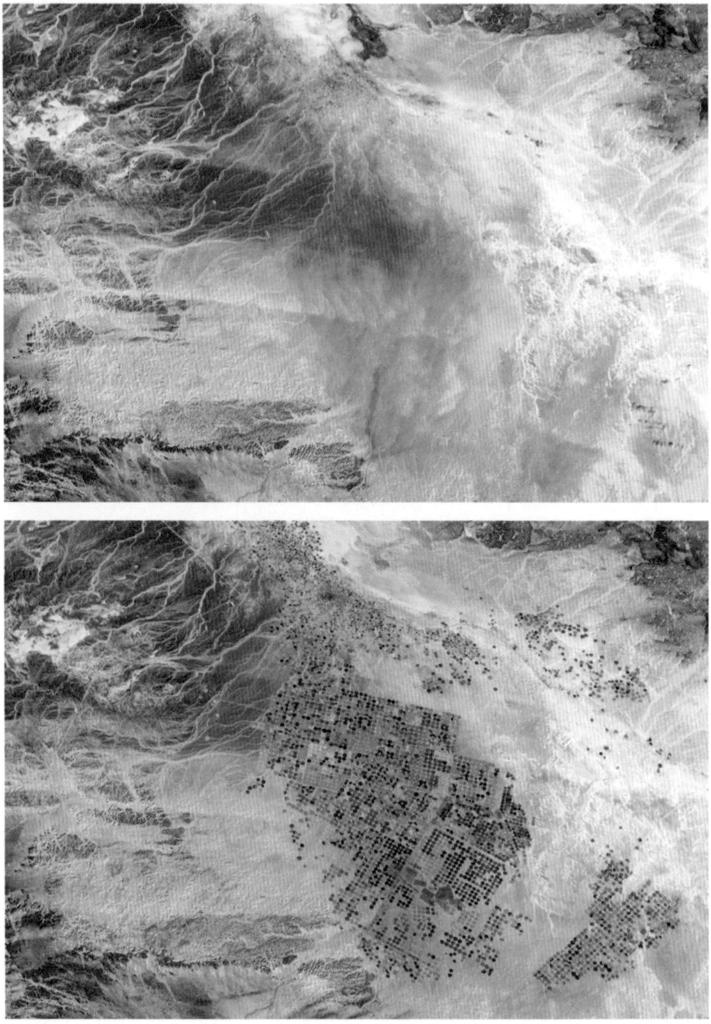

1987년과 2012년 사우디아라비아 투바르잘Tubarjal의 위성사진. 원형 관개 농법으로 2012년에 경작지가 많이 늘었다. 원 하나의 지름은 500~1,000m정도이다.

는 경우가 많습니다. 건조한 지역은 맑은 날이 많아 광합성에 필요한 햇볕이 충분하고 토양에도 영양분이 많아 물만 있으면 작물이 자라기에 유리합니다. 사우디아라비아는 원형 관개 농법을 전격적으로 보급하면서 세계적인 밀 수출국으로 이름을 올리기도 했습니다.

건조한 사막에서 농경지가 확대되고 있는 것은 물을 확보하기 위한 노력의 결과입니다. 강이 없는 사우디아라비아는 일찍부터 다른 형태의 물에 주목해왔습니다. 현재는 아열대 고압대의 영향으로 사막이 발달했지만, 과거에는 습윤한 기후였기 때문에 지표면 아래에 웬만한 강물보다 훨씬 많은 양의 물이 저장되어 있어 이 지하수를 이용해 사막을 옥토로 바꾸는 것이 가능했습니다.

또한 사우디아라비아는 바다를 끼고 있어 바닷물을 민물로 바꾸어 사용하고 있습니다. 염분을 제거해 바닷물을 민물로 바꾸는 장치를 해수 담수화 플랜트라고 하는데, 이 장치를 이용해 바닷물을 인간이 쓸 수 있는 물로 만들어주었으니 실로 발상의 전환이라고 할 수 있습니다.

일반적으로 농도가 낮은 쪽에서 높은 쪽으로 물이 이동하려는 압력이 발생하는 것을 삼투압 현상이라고 합니다. 거꾸로 높은 압력을 이용해 물을 얻는 역삼투압 방식*의 해수 담수화 플랜트는 높은 수

* 역삼투압은 삼투압보다 높은 압력을 가할 때, 용액에서 순수한 용매가 반투막을 통해 빠져나오는 현상이다. 이 방법을 이용하면 바닷물 등의 수용액에서 순수한 물을 얻을 수 있는데, 이를 이용한 여러 가지 정수 장치가 개발되어 있으며 서남아시아 등에서 많이 사용하고 있다.

준의 기술이 축적되어야 합니다. 이 분야 세계 1위 기업인 우리나라의 두산중공업은 물이 필요한 사우디아라비아에서 크게 활약하고 있는데, 해수 담수화뿐만 아니라 전력 생산이 결합된 시설도 설치할 역량을 갖추고 있습니다. 지금까지 설치한 플랜트에서 하루에 생산할 수 있는 물의 양은 750만 톤이 넘으며, 이는 무려 2,500만 명이 동시에 사용할 수 있는 수준입니다.

사우디아라비아는 물을 공급하는 것뿐만 아니라 아껴 쓰는 것에도 관심이 많습니다. 인구가 증가하고 다양한 산업이 발전하면서 물 자원에 대한 수요가 늘어, 물을 효율적으로 사용하고 폐수를 정화하는 등의 노력도 이어지고 있습니다. 강이 없어도 다양한 방법으로 살아갈 방법을 모색하고 있는 셈입니다.

물도 자원이다

석유와 천연가스가 가득한 자원 부국이기에 아무 걱정 없는 것처럼 보이는 사우디아라비아에는 강이 없습니다. 하지만 '하늘이 무너져도 솟아날 구멍이 있다'는 말이 있듯이, 주어진 환경에서 물을 얻는 방법을 찾으려 노력한 결과, 지금은 국민들이 불편함 없이 물을 사용하고 있습니다. 심지어 농업 기술에 막대한 투자를 해 농산물을 수출하는 성과를 거두었으며, 물 자원을 확보하고 효율적으로 이용하기 위한 연구도 계속하고 있습니다.

자원의 의미도 지역과 시대에 따라 다른 것처럼, 석유를 차지하기 위해 국가가 경쟁하는 20세기는 가고 21세기는 '물의 전쟁'이 화두로 등장했습니다. 물을 확보하기 위해 나일강을 놓고 8개국이 분쟁을 벌이고 있으며, 비가 많이 오는 동남아시아에서도 메콩강을 둘러싼 갈등이 끊이지 않습니다.

지하수를 끌어 올려 농사짓던 사우디아라비아도 지하수가 고갈되고 토양 속 염분이 지표면으로 축적되어 작물 재배가 어려워지면서 현재는 밀 수출을 거의 하지 않고 있습니다. 물 확보를 위해 노력했지만, 지속 가능한 방법은 아니었던 셈입니다. 강수량이 많아 여태까지 그래왔던 것처럼 앞으로도 강에서 물을 구할 수 있는 한반도는 사우디아라비아에 비하면 축복받은 것인지도 모릅니다. 하지만 강수가 여름철에 집중되어 강수 활용률이 낮고, 주요 거주 지역의 인구 밀도가 높아 '물 쓰듯' 물을 사용할 정도로 넉넉하지는 않습니다. 여러분은 일상생활에서 물을 얼마나 쓰고 있나요? 우리 주변에서 유유히 흐르고 있는 강에 고맙다고 말해보면 어떨까요.

나무가 없는 나라

가혹한 동토에서
행복을 찾는
여정

덴마크령 그린란드

4

세계에서 가장 큰 섬

세계에서 가장 큰 섬은 어디일까요? 크기만으로 미뤄 짐작하면, 그 섬에서는 많은 사람이 풍요롭고 행복하게 살 것 같습니다. 하지만 세계에서 가장 큰 섬은 하얀 눈과 얼음으로 뒤덮여 있습니다. 그 섬의 이름은 '아이슬란드Iceland'가 아니라 '그린란드Greenland'입니다.

하얀 눈과 얼음으로 덮여 있는데 왜 '그린란드'라는 이름이 붙었을까요? 북유럽에 전해지는 옛날이야기 〈사가Saga〉를 보면 알 수 있습니다. 그 이야기는 아이슬란드에서 살던 에리크Erik the Red (950~1003)가 살인을 저지르고 추방당해 새로운 땅에 가서 정착할 마음을 먹는 데서 시작됩니다. 머리카락과 수염이 빨간색이어서 '붉은 에리크'라는 별명이 붙은 그는 멀리 떨어진 새로운 땅으로 떠나며 용감하게 모험을 합니다. 푸른 초원으로 뒤덮여 있을 거라고 생각한 땅이 온통 눈과 얼음뿐이었으나, 그럼에도 새로운 땅에 살아야 했던 에리크는 많은 사람이 들어와 살기를 바라는 희망을 안고 '초록의 섬'이라는 의미인 '그린란드'로 이름을 정했다는 추측이 있습니다. 에리크의 계획은 성공적이었고, 많은 사람이 그린란드로 건너왔다고 합니다. 지금 생각하면 에리크에게 사람들이 속았다고 할 수도 있습니다.

에리크 이야기가 사실인지 여부는 확실하지 않습니다. 그렇지만 생각해볼 만한 재미있는 요소가 제법 있습니다. 아이슬란드에서 북아메리카의 빈랜드Vinland로 갔다는 이야기가 사실이라면, 유럽인이 아메리카 대륙에 상륙한 시기가 완전히 달라집니다. 에리크가 그린란드를 발견한 1000년쯤 전에는 기후가 지금과 달랐기 때문에, 에리크가 거짓말한 것이 아니라 그린란드가 정말 푸르른 초원이었을지도 모릅니다.

그린란드는 에리크의 희망 가득한 마음에서 비롯된 과장 광고와 다르게 국토의 80%가 얼음으로 덮여 있어 나무가 자랄 수 없는 땅입니다. 독일의 지리학자 쾨펜은 식생의 분포를 지표로 삼아 나무가 자랄 수 있는 수목 기후와 나무가 자랄 수 없는 무수목 기후로 크게 구분합니다. 그리고 기온과 강수량을 기준으로 열대 기후, 건조 기후, 온대 기후, 냉대 기후, 한대 기후로 나누고, 5개의 기후를 또다시 나누어 11개의 기후구로 정했습니다. 그중 오늘의 주인공인 그린란드는 가장 따뜻한 달의 평균 기온이 10℃도 채 되지 않고, 너무 추워 나무가 자라지 않는 한대 기후에 속합니다. 그린란드 중에서는 그나마 남부 해안이 따뜻한 편입니다. 남부 해안에 위치한 누크Nuuk는 가장

그린란드의 위치

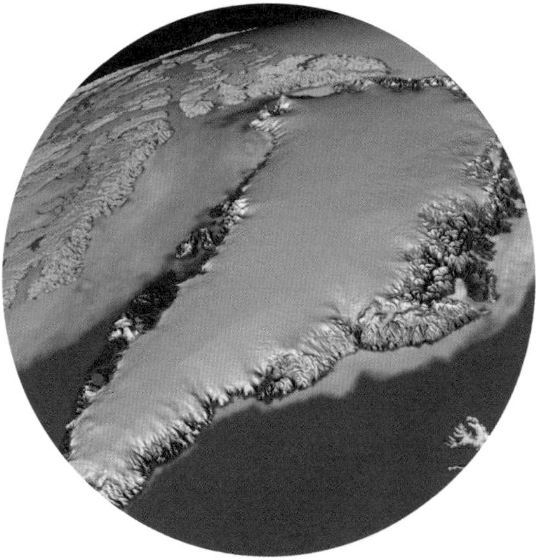

대부분의 땅이 눈과 얼음으로 뒤덮인 그린란드. 붉은 점으로 표시한 지역이 수도 '누크'다.

따뜻한 달 평균 기온이 10℃가 살짝 넘기도 해, 그린란드에서 그나마 인간이 거주하기에 상대적으로 유리한 곳입니다. 그린란드의 나머지 땅 대부분은 가장 따뜻한 달마저 0℃ 미만으로 떨어져 얼음이 녹을 일이 없는 혹독한 기후가 나타납니다.

남부 해안가 수도 '누크'에 모여 사는 사람들

그린란드는 북아메리카에 속한 섬으로, 덴마크령 자치 지역입니다. 헌법, 외교·국방 및 안보, 환율 및 통화 정책 등에는 덴마크가 영향을 행사하고 있기 때문에 유럽에 속한다고 잘못 알려진 경우가 많은데, 지리적으로는 북아메리카판North American Plate 위에 있어 북아메리카에 속합니다.

1721년부터 덴마크령이 된 그린란드는 1933년 헤이그 국제사법재판소의 결정으로 인해 덴마크 영토로 확정되었습니다. 아직까지 그린란드의 경제는 덴마크의 보조금에 크게 의존하고 있습니다. 하지만 2009년에 자치정부를 출범시켰고, 영토 내 자원 탐사 및 개발 권한을 얻으며 경제적 힘을 키워나가고 있습니다. 식민 지배 300주년이 되는 2021년을 기점으로 완전한 독립을 꿈꾸기도 합니다.

지구는 초록빛 나무가 가득한 모습을 곳곳에서 볼 수 있는데, 정작 세계에서 가장 큰 섬 그린란드는 북극해 주변에 위치해 빙하로 덮여

그린란드 수도 누크의 여름 풍경

있는, 세계에서 가장 추운 얼음 왕국이라고 해도 과언이 아닙니다.

춥고 척박한 환경 탓에 도시화가 많이 진행되지 않았지만 그나마 그린란드의 수도인 누크에서는 유일하게 신호등, 도로 등 도시의 면모를 볼 수 있습니다. 남부 해안 지역에서는 2~3주에 걸친 여름철에 짧은 풀과 이끼가 자랄 수 있고, 사람이 견딜 만하기 때문이죠. 그래서 수도인 누크에 그린란드 총인구의 4분의 1이 거주하고 있습니다.

"추울수록 단결하라"라는 이누이트 속담처럼 '기후'는 그린란드의 삶에서 중요한 부분입니다. 그린란드에 사는 사람들은 나무도 자라지 않는 혹독한 자연환경에 적응하며 그들만의 생활방식으로 살아갑니다. 자연환경에 적응하지 못하면 살아남을 수 없기 때문입니다. 붉은 에리크를 시작으로 유럽에서 온 바이킹의 후예들은 아이슬란드에서처럼 그린란드에서도 밀농사와 가축 사육을 시도했으나, 결국 정착지는 사라졌습니다. 하지만 아메리카에서 온 이누이트의 후손들은 사냥과 채집을 중심으로 먹을거리를 구해왔고, 현재 그린란드 주민의 대부분을 이루고 있습니다.

추위에 익숙해지고 나태해지지 않도록 걸음마를 갓 뗀 어린아이부터 노인까지 사람들은 매일 산책을 합니다. 주민 대부분이 어업과 사냥으로 생업을 유지하고 있습니다. 바다표범, 물개, 순록 등 제한적으로 생명을 유지하는 곳이기에 이들을 사냥해서 얻은 고기를 주식으로 즐겨 먹습니다. 전통적으로 가죽과 털은 옷과 집으로, 동물의 뼈로는 빗, 칫솔, 탁자 등의 생활용품을 만들어 사용합니다. 현대에는 당연히 기능성 아웃도어 외투나 신발 등이 필요한 곳입니다. 건물은 눈에 덮여도 용도별로 잘 확인할 수 있도록 알록달록한 원색으로 색칠하기도 합니다.

지구 온난화로 바뀌어가는 그린란드

사람에게도, 식물과 동물에게도 너무 가혹한 그린란드. 사냥을 하여 생필품을 제작하거나 외부에서 비싼 비용을 주고 필요한 채소와 과일을 수입하던 그린란드 주민들의 삶이 지구 온난화와 기술의 발전으로 점점 바뀌고 있습니다.

이전에는 섬세한 손길과 날씨의 뒷받침이 필요한 채소와 과일을 모두 수입해 비싼 가격에 사먹었는데, 피오르fjord의 얼음이 녹아내리면서 땅이 드러나 비닐하우스를 설치할 수 있게 되었고, 초록 식물인 양배추, 콜리플라워, 상추 등을 재배하고 있습니다. 지난 몇십 년간 그린란드 북부를 덮고 있던 빙하가 5㎞나 물러났고, '지구상 최북단 농장'이라는 타이틀 아래 관광객 유치에도 성공하고 있습니다. 그렇지만 나무가 자연스럽게 자라기는 아직 어려워 보입니다.

북극권 생태계에서 최상위 포식자는 바로 북극곰입니다. 그린란드에도 북극곰이 살고 있습니다. 우리나라를 상징하는 동물로 호랑이를 꼽는 것처럼, 그린란드는 상징 동물로 북극곰을 꼽습니다. 하지만 북극곰의 서식지 환경이 점차 바뀌면서 인간의 거주지에 출몰해

그린란드 빙하

북극곰과 인간이 충돌하는 일도 발생하고 있습니다.

또한 빙하에 묻혀 있던 구리, 철, 아연, 백금 등 천연자원을 쉽게 채굴할 수 있고, 특히 '4차 산업 혁명의 쌀'로 불리며 반도체, 레이저 등 첨단 제품에 필수적인 희토류의 발견이 그린란드의 삶을 바꿔놓고 있습니다. 덴마크가 그린란드를 완전히 독립시켜주지 않는 가장 큰 이유는 바로 이 자원들 때문입니다. 2019년 도널드 트럼프 전 미국 대통령이 그린란드 매입 의사를 밝힌 이유도 같은 맥락입니다.

문제는, 얼음은 햇볕을 많이 반사하지만 땅은 햇볕을 많이 흡수한다는 점입니다. 얼음이 녹기 시작하면 땅이 더 노출되고, 땅이 더 노출되면 햇볕을 더 많이 흡수하고, 햇볕을 더 많이 흡수하면 온도가 더 오르고, 온도가 더 오르면 얼음이 더 녹게 됩니다. 이러한 흐름을 얼음-알베도 효과ice-albedo feedback라고 부르는데, 기후 변화가 시작되면 그린란드에서 얼음-알베도 효과가 발생해 걷잡을 수 없이 확대될 거라는 우려가 나옵니다.

고립된 도시,
세계에서 가장 높은 자살률

그린란드는 전체 면적의 80%, 그러니까 한반도의 10배나 되는 면적을 백두산 높이보다 더 두꺼운 최대 3,000m가 넘는 얼음이 뒤덮고 있어, 엄청난 얼음의 무게 때문에 땅의 중심부가 해수면보다 300m

가까이 낮아져 있습니다. 세계에서 가장 넓은 섬이지만 인구는 약 5만6,000명밖에 안 됩니다. 우리나라의 전라남도 순천시 해룡면 인구와 비슷할 정도로 정말 인구가 적습니다. 식당이나 영화관에서도 줄 서서 순서를 기다리는 경우가 있을 정도로 가는 곳마다 늘 사람이 많은 우리나라와 달리, 한적하고 여유로운 것이 사실입니다.

하지만 우리가 일상에서 당연하게 생각하는 것들이 없는 곳이기도 합니다. 도시와 도시를 연결하는 고속도로와 철도가 없습니다. 도시에서 도시로 이동하려면 하늘길이 유일합니다. 그나마 하늘길도 한정되어 있어 비행기 표 가격이 상상 이상으로 비쌉니다. 가벼운 마음으로 계절 따라 떠나는 국내 여행은 그린란드에서 그림의 떡에 가깝습니다. 즉, 그린란드 사람들이 생활하는 공간 범위는 넓지 않아, 사실 고립되어 있다는 표현이 맞습니다.

또한 나무가 자라지 않는 자연환경에서는 일자리도 제한적입니다. 나무와 관련된 직업이 생각보다 무궁무진하기 때문입니다. 목재나 조경 외에도 나무는 많은 분야와 관련되어 있고, 앞으로도 다양한 일자리로 더 확대될 것입니다. 우리나라도 2022년부터 나무의사, 유아숲지도사, 산림치유사, 숲길체험지도사 등의 일자리를 확대하겠다는 계획을 밝혔습니다. 하지만 그린란드는 나무와 관련된 다양한 일자리를 늘리기 쉽지 않습니다.

그린란드의 자살률은 약 1,000명당 1명으로, OECD 국가 중에서 10년간 자살률 1위를 차지하고 있는 우리나라와 비교해도 3배가 넘습니다. 가난과 우울증, 알코올 의존증, 백야로 인한 불면증이 그 원

그린란드를 배경으로 한 내용인데, 실제로는 아이슬란드에서
촬영한 영화 <월터의 상상은 현실이 된다>의 한 장면

인이 되고 있습니다. 특히 총을 이용한 자살률이 전체 자살 건수의 40%를 차지할 정도로 매우 높습니다. 그린란드에서는 사냥이 일상화되어 상점에서 사냥총과 총알을 진열해놓고 판매하며, 16세 이상이면 아무런 제약 없이 구매가 가능합니다. 이처럼 총기류 소지가 다른 지역에 비해 대중화되었기 때문이라고 조심스럽게 추측해볼 수 있습니다. 인구가 많지 않은 그린란드로서는 심각한 사회문제로 받아들여지고 있습니다.

우울증을 극복하기 위해 나무가 무성한 산이나 파도가 일렁이는 바다로 떠나는 사람이 많습니다. 그린란드 자치정부에서는 하루빨리 그린란드 주민들에게 행복감을 줄 수 있는 힐링 코스를 만들어야 할 것 같습니다.

인생은 소소한 행복의 연속이다

'나무가 없는 나라.' 이 말은 인간을 비롯한 모든 생명이 살아가기 힘든 나라라는 뜻이기도 합니다. 실제로 지도에서 그린란드를 찾아보면 북극점에서 멀지 않은 얼음의 땅입니다. 그런 환경에서도 인간은 노력하며 살아갑니다.

그린란드 전체를 초록색으로 뒤덮을 수는 없지만, 조금씩 변화를 시도하고 있습니다. 조림 사업을 추진하고 있어, 어쩌면 나무가 없는 나라에서 나무가 자라는 나라로 바뀔지도 모릅니다.

2013년에 개봉한 영화 〈월터의 상상은 현실이 된다〉에서는 그린란드가 배경으로 등장합니다. 영화는 그린란드라고 나오지만 실제로는 아이슬란드에서 촬영했다는 점에서, 지명부터 에리크까지 그린란드와 아이슬란드는 자주 엮이는 단짝인가 봅니다. 영화에서는 "세상을 보고, 장애물을 넘어, 벽 너머를 보고, 가까이 다가가 서로를 찾는 것이 인생life의 목적이다"라는 명언을 남깁니다. 혹독한 환경에서 이동할 때 모두가 손을 꼭 잡는 그린란드 사람들처럼, 주어진 환경에서 소소한 행복을 찾는 것이 우리 인생에 주는 교훈은 무엇일까요?

갯벌이 없는 나라

산호가 쌓인
해안의 압도적 매력을
느껴봐

투발루

5

질척질척하지만 괜찮아!

바다를 보러 여행을 떠났다고 생각해볼까요? 여러분이 떠올리는 바다는 어떤 모습인가요? 새하얀 모래가 펼쳐지고, 햇살 가득한 바다에 파도가 일렁이는 모습인가요? 사실 바닷가에서는 이것 말고도 다양한 모습을 볼 수 있습니다.

우리가 일반적으로 생각하는 모래 가득한 바닷가를 모래 해안sand beach이라고 합니다. 모래 해안은 강릉, 양양 등 우리나라 동해안에서 흔히 볼 수 있는 해변의 모습입니다. 그리고 모래보다 큰 자갈로 이루어진 바닷가를 자갈 해안이라고 하지요. 파도에 부딪히며 닳아 동글동글해진 귀여운 몽돌이 가득한데, 남해안의 거제와 완도에 있는 몽돌 해안이 유명합니다. 그렇다면 모래보다 입자가 작은 점토로 이루어진 바닷가도 있겠죠? 그게 바로 갯벌입니다.

진흙탕 싸움이라는 말이 있습니다. 모래보다 입자가 작고 고운 점

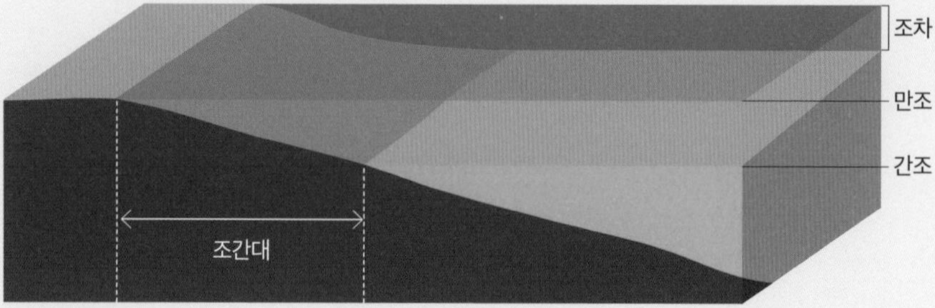

조차와 조간대

토가 쌓여 축축하고 질척질척한 것을 진흙탕이라고 합니다. 발이 푹푹 빠져 걷기조차 어렵고 많이 힘듭니다. 바닷가에 이런 진흙으로 된 벌판이 넓게 펼쳐진 곳을 갯벌이라고 부릅니다.

갯벌이 축축하고 질척거리는 것은 바닷물에 자주 잠기기 때문입니다. 달이 바닷물을 끌어당기는 인력引力, lunar gravitational force 때문에 하루에 두 번 밀물과 썰물이 생깁니다. 밀물일 때는 갯벌이 물에 잠기고, 썰물일 때는 물이 빠져 갯벌이 드러납니다. 밀물이 들어와 바닷물이 가장 높아지면 만조, 반대로 썰물이 빠져 바닷물이 가장 낮아지면 간조라고 합니다. 만조와 간조 때 바닷물에 잠겼다 드러나기를 반복하는 땅에 갯벌이 생기는 것이지요.

갯벌은 쓸모없는 땅으로 인식되기도 했습니다. 육지가 아니니 도로를 건설할 수도 없고, 집을 짓고 살 수도 없습니다. 진흙탕이라는 점을 극복하고 고생스럽게 건설한다 하더라도, 밀물 때는 바닷물에 잠겨버려 사용할 수 없을 것입니다. 또한 바다가 아니라서 배가 자유롭게 다닐 수도 없습니다. 썰물 때는 배가 갯벌 위에 덩그러니 얹힐 테니까요.

하지만 갯벌은 소중한 가치를 지니고 있습니다. 육지도 바다도 아닌 독특한 환경에 적응한 수많은 생명체가 살고 있기 때문입니다. 갯벌 체험을 하러 가면 쉽게 볼 수 있는데, 갯벌 표면에는 수많은 숨구멍이 송송송 뚫려 있습니다. 그 구멍마다 조개, 짱뚱어, 낙지 등 소중한 생명체들이 살고 있다고 생각하면 됩니다. 수천 킬로미터가 넘는 먼 거리를 이동하는 철새들도 갯벌에서 먹을 것을 찾으며 기력을 보충합니다. 철새에게는 갯벌이 휴게소인 셈이지요. 갯벌은 이러한 생태적 가치를 인정받아, 우리나라의 서천 갯벌, 고창 갯벌, 신안 갯벌, 보성-순천 갯벌로 구성된 '한국의 갯벌Getbol, Korean Tidal Flats'은 2021년 유네스코 세계 유산에 등재되기도 했습니다. 이는 2007년 등재된 '제주 화산섬과 용암동굴'에 이은, 우리나라 두 번째 세계 자연 유산입니다.

갯벌은 육지의 인간들에게도 도움을 줍니다. 바다 깊은 곳에서 지진이 발생하면 집채만큼 큰 파도인 지진해일(쓰나미)이 만들어져 큰 피해를 줄 수 있습니다. 지진해일은 바닷가 마을이나 해안 도시를 황폐화시킬 수 있는 무시무시한 자연재해입니다. 하지만 갯벌이 넓은 곳에서는 지진해일로 인한 피해 걱정을 덜 수 있습니다. 수심이 얕고 평탄한 갯벌을 지나면서 높은 파도도 부서져 힘이 약해지기 때문입니다.

우리의 갯벌, 세계의 갯벌

갯벌이 만들어지기 위해서는 여러 조건이 필요합니다. 첫째, 점토 등을 많이 공급할 능력을 갖춘 하천이 있는 바닷가가 유리합니다. 점토는 바위와 돌에서 떨어져나온 아주 작은 입자입니다. 하천은 물과 함께 점토도 운반하고, 규모가 큰 하천 등은 많은 점토를 갯벌에 공급해줍니다.

둘째, 파도가 약하고 잔잔해야 합니다. 하천이 점토를 바닷가로 운반해도 파도가 강하면 소용없습니다. 점토는 아주 작고 가벼워, 파도가 일렁이면 쌓이지 않고 물에 떠서 다른 곳으로 이동해버립니다. 파도가 센 곳은 점토를 먼 바다로 가져가버려 갯벌이 만들어질 수 없습니다. 섬이 많은 곳이나 바다가 육지 안쪽으로 들어온 만의 내부는 파도가 섬이나 육지 바깥쪽에서 부서져 힘이 약해지기 때문에 갯벌이 발달하기에 유리합니다.

셋째, 조차가 큰 곳이 좋습니다. 밀물과 썰물에 의한 바닷물 높이의 차이를 조차tidal range라고 하는데, 조차가 클수록 밀물과 썰물의 영향을 받는 범위가 넓어지고 갯벌도 넓어집니다.

우리나라 서해안 갯벌의 경관(강화 갯벌)

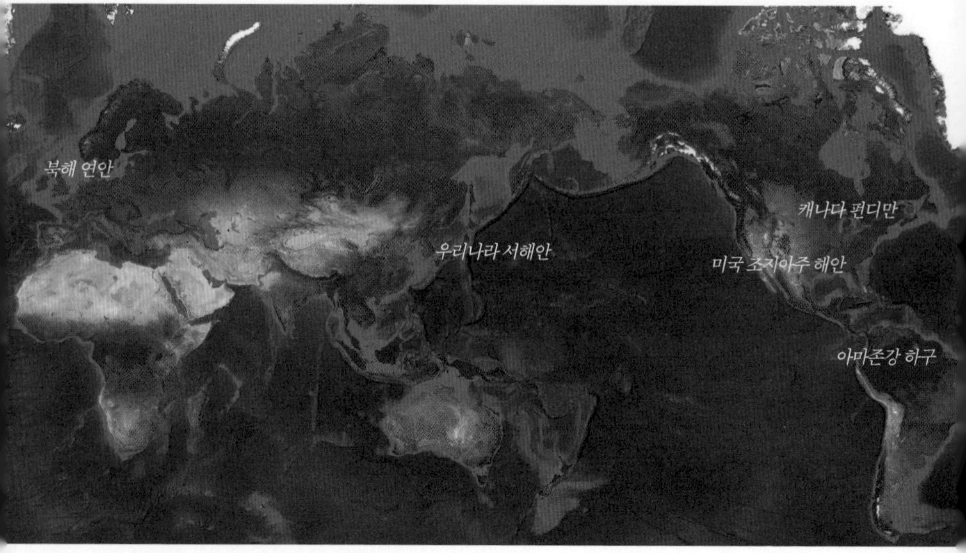

세계의 주요 갯벌(해양수산부 해양환경정보포털)

세계 곳곳의 바닷가에 갯벌이 발달해 있지만, 거대한 규모로 발달한 곳은 그리 많지 않습니다. 미국 조지아주 해안, 캐나다 펀디만, 아마존강 하구, 유럽 북해 연안, 그리고 우리나라의 서해안이 세계 5대 갯벌로 꼽힙니다.

사람들은 옛날부터 갯벌을 적극적으로 활용해왔습니다. 갯벌에서는 밀물과 썰물이 반복되기 때문에, 그 길목에 둑을 쌓았습니다. 돌로 만들었다고 해서 독살이라고 하지요. 밀물과 함께 들어온 물고기가 썰물에 미처 나가지 못하고 독살 안에 갇히면, 사람들은 독살로 걸어가서 펄떡거리는 고기를 손으로 잡으면 됩니다. 물고기에게

상처 하나 입히지 않고 신선하게 잡는 지혜로운 방법이라고 할 수 있지요.

바닷물이 수없이 드나들며 만들어지기 때문에 갯벌 자체는 짜고 미네랄도 풍부합니다. 우리 선조들은 오랜 기간 갯벌에서 가져온 점토에 바닷물을 붓고 끓이는 방식으로 소금을 만들어왔습니다. 이렇게 생산된 소금을 자염이라고 하는데, 만드는 과정이 고생스러워 값어치가 아주 높습니다.

육지가 부족한 경우에는 밀물이 들어오는 것을 막는 방조제를 건설하면 갯벌을 육지로 만들 수도 있습니다. 간척은 우리나라에서 아주 오래전부터 이루어졌으며, 강화도에 가면 고려 시대부터 만들어진 간척지를 볼 수 있습니다. 세계 최대 규모를 자랑하는 광양제철소도, 동북아시아의 관문인 인천 국제공항도 갯벌을 간척해서 얻은 넓고 평평한 땅에 건설한 것입니다.

갯벌이 없는 투발루의 바다

태평양에 위치한 투발루Tuvalu는 조그만 섬나라입니다. 수도인 푸나푸티Funafuti는 일 년 내내 따뜻한 열대 기후 지역입니다. 투발루는 크게 9개의 섬으로 이루어져 있는데, 모든 섬의 육지 면적을 합쳐도 26㎢ 밖에 되지 않습니다. 울릉도 전체 면적의 절반에도 미치지 않는 셈입니다. 하지만 바다는 아주 넓습니다. 해안선은 590㎞이고, 한반도의 6배나 되는 130만㎢의 바다에서 경제적 권리를 배타적으로 인정받고 있습니다. 190여 어종이 서식하고 있어 수산업이 국가 경제에서 중요한 부분을 차지합니다.[4]

이렇게 바다가 넓은데도 정작 투발루에서는 갯벌을 찾아보기 힘듭니다. 그 사정을 이해하려면 투발루의 지리적 특징을 먼저 살펴봐야 합니다. 투발루는 산호섬입니다. 열대 지역의 따뜻하고 얕은 바다에서는 산호가 죽으면서 석회질의 외골격이 바다에 계속 쌓이고, 이렇게 쌓여 단단해진 것을 산호초라고 부릅니다. 산호초는 바다에서 살아가는 생명체에게 서식지와 은신처를 제공해주는 소중한 역할을 합니다. 이런 산호초들이 육지로 노출되어 만들어진 섬이 산호섬입니다.

산호가 얕은 바다에서 만들어지다 보니, 산호섬도 바다 위로 높게 쌓일 수가 없습니다. 그래서 산호섬인 투발루에는 높은 산지가 없습니다. 해발 고도가 가장 높은 곳이 4.6m 정도에 불과합니다. 게다가 비가 내리면 잘 스며드는 토양이라서 하천이 발달하기 힘듭니다. 시냇물조차 없어 점토를 해안으로 공급하기는커녕 사람들이 마실 식수를 구하기도 쉽지 않습니다. 갯벌이 발달하려면 하천을 통해 점토가 해안으로 공급되어야 하는데, 투발루는 그렇지 않은 지형입니다.

또한 거대한 태평양에서 오는 파도를 막아줄 다른 방법이 없습니다. 따라서 열대 저기압tropical cyclone이 자주 형성되는 곳은 아니지만, 열대 저기압이 지나갈 때 해안 침식이 심하게 발생할 수밖에 없습니다. 갯벌이 없어 썰물 때 바다로 걸어가서 신선한 해산물을 가져

오는 것도 불가능하고 수천 마리의 철새가 떼를 짓는 장관을 구경하기도 어렵습니다. 갯벌을 간척해서 대규모로 공장 및 도시를 건설하거나, 공항을 짓고 관광객을 유치하는 것도 불가능합니다. 어떤 측면에서 보면 사람이 살아가기에 그리 좋은 조건은 아닙니다.

갯벌이 없어도

하지만 산호가 파도에 부서져 만들어진 모래 해안은 무척 아름답습니다. 따사로운 햇볕이 내리쬐는 파란 하늘과 투명한 바다, 은빛으로 반짝거리는 모래는 사람들을 황홀하게 만듭니다. 게다가 스노클링 장비만 갖추면 산호초 사이를 헤엄치는 물고기들을 얼마든지 구경할 수 있습니다. 어둠침침하고 탁한 빛깔의 갯벌에 비해, 열대 지역의 많은 섬나라가 수많은 신혼부부에게 달콤한 여행지로 인기 만점인 이유입니다.

투발루는 그 어떤 곳보다 눈부신 경관으로 많은 사람에게 매력을 발산하고 있습니다. 특히 섬나라라서 육로로는 연결되지 않는 데다, 투발루까지 갈아타지 않고 한 번에 갈 수 있는 비행편 수가 적다 보니 관광객이 많지 않아, 한적한 곳에서 조용히 휴양하고 싶은 사람들에게 더욱 관심을 받고 있습니다.

투발루 사람들은 갯벌은 없지만 자연환경의 장점을 잘 살려 살아가고 있습니다. 투발루만의 선물인 셈이지요. 우리나라는 갯벌에서

투발루의 아름다운 해안

많은 것을 얻어왔습니다. 갯벌은 언제나 우리 삶과 함께해왔습니다. 이 소중한 갯벌이 파괴되지 않도록 잘 보존해나가야 합니다. 마찬가지로 투발루도 소중한 산호섬이 파괴되지 않도록 노력하고 가꾸어 나가야 합니다. 지구의 아름다운 해안을 보존하기 위한 다양한 노력에 관심을 가지고, 동참할 방법을 찾아보는 것은 어떨까요?

밤이 없는 나라

기울어진 지구가
만드는 아름다운
축제 '백야'

러시아

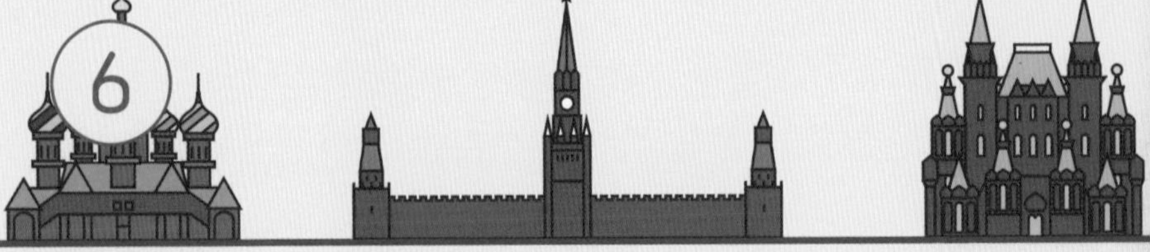

노트북 화면이 안 보일 정도로 밝은(?) 밤

> 컴퓨터를 켜기 위해선 휘발유로 소형 발전기를 돌려서 적어도 다섯 시간은 충전을 해야 하지만, 그 정도 수고를 들이더라도 새로운 오락거리가 필요했다. 컴퓨터를 켜고 보니 자정(밤 12시)에도 환해 노트북 화면이 잘 보이지 않는다.
>
> – 이원영, 2017,《여름엔 북극에 갑니다》, 글항아리, 185쪽.

밤 12시에도 하늘이 환해 노트북 화면이 잘 보이지 않는 곳이 있습니다. 밤 12시에도 환하다는 것은 하루 종일 밤이 없이 낮만 지속된다는 뜻입니다.《여름엔 북극에 갑니다》의 저자 이원영 연구원은 그린란드 북부 북극해 연안에서 이 글을 썼습니다.

그린란드 북부 북극해 연안은 북위 82°에 위치합니다. 이 지역 외에 또 어느 대륙 어느 나라에 밤이 없을까요? 그리고 그곳에서 밤은 어느 시기에 없어질까요? 왜 이러한 현상이 나타나는지 알아보겠습니다.

기울어진 지구는 낮의 길이를 고무줄처럼 늘였다 줄였다 한다

지구상에서 남·북위 66.5°에서 남·북극점까지의 지역을 극권이라고 합니다. 북위 66.5°에서 북극점(북위 90°)까지를 북극권Arctic Circle, 남위 66.5°에서 남극점(남위 90°)까지를 남극권Antarctic Circle이라고 합니다. 북극권과 남극권에서는 여름에 밤에도 해가 지지 않아 완전히 어두워지지 않는 현상이 나타납니다. 이를 하얀 밤, 즉 백야白夜, white night 현상이라고 합니다. 백야 현상은 주로 러시아Russia에서 사용하는 표현이고, 스웨덴과 노르웨이 같은 북유럽 국가 및 미국 알래스카, 캐나다와 같은 북아메리카 국가들은 '한밤의 태양midnight sun'이라는 표현을 더 많이 씁니다.

여름철 북극권에서는 해가 지평선 아래로 내려가지 않고 계속 떠 있는 상태로, 서쪽에서 동쪽으로 거의 수평선에 다다를 것 같은 물결을 그리며 이동하는 모습을 볼 수 있습니다. 이 현상은 여름에 나타나는데, 북극권과 남극권은 계절이 반대이기 때문에 백야 현상이 나타나는 시기도 반대입니다.

백야 현상이 나타나는 원인은 지구의 자전축이 기울어져 있기 때

러시아 야쿠티아에서 다중노출로 촬영한 백야 현상 ©Виктор Габышев

문입니다. 자전축의 기울기와 관련해 위도별로 낮의 길이가 어떻게 달라지는지 알아봅시다.

지구의 자전축은 23.5° 기울어진 채 태양 주위를 공전합니다. 이 때문에 지역에 따라, 시기별로 태양 고도가 달라집니다. 태양 에너지를 많이 받는 시기가 여름이고, 그 반대 시기가 겨울입니다. 북반구 중~고위도에서 6월경이 여름이고, 12월경이 겨울인 이유는 이 때문입니다. 그리고 지구는 태양 주위를 1년에 한 바퀴 공전하고, 동시

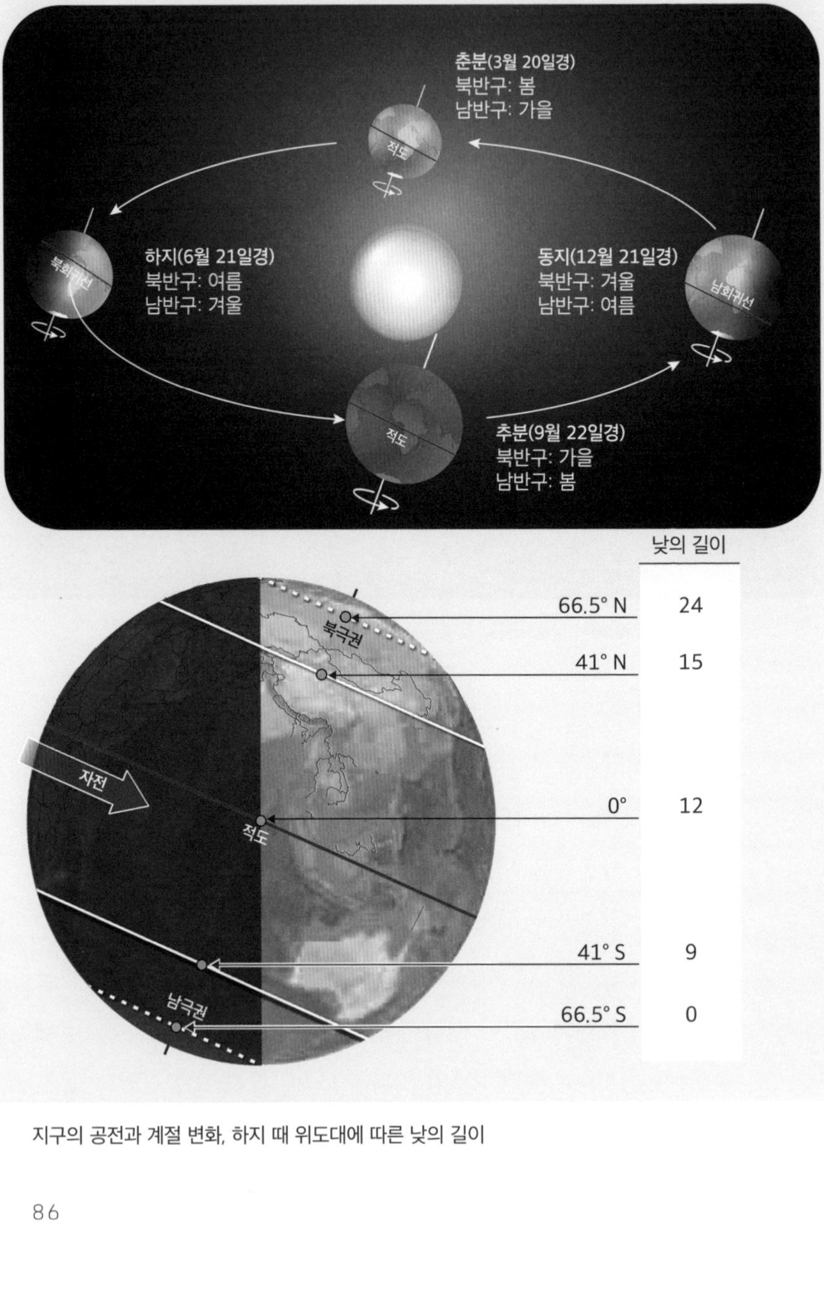

지구의 공전과 계절 변화, 하지 때 위도대에 따른 낮의 길이

에 하루에 한 바퀴 자전합니다. 자전은 한 장소에서 낮과 밤이 생기는 원인입니다. 자전축이 23.5° 기울어져 자전하기 때문에, 위도대에 따라 낮과 밤의 길이가 차이 납니다. 적도 지역에서는 1년 내내 낮과 밤의 길이가 12시간씩 동일하게 나타나고요.

적도에서 고위도로 갈수록 여름 낮의 길이가 길어집니다. 중위도에 위치하는 북위 41°에서는 하지 때 낮의 길이가 약 15시간으로, 적도보다 약 3시간 더 깁니다. 여기서 더 고위도로 가면 여름철 낮의 길이가 더욱 길어져, 북위 66.5° 이북에서는 하지 때 낮의 길이가 24시간이 됩니다. 즉 밤이 없고 낮만 나타나지요.

이러한 현상이 남반구에서는 어떻게 나타날까요? '하지夏至, summer solstice'라는 표현은 북반구 중심의 표현입니다. 6월 21일경 남반구는 여름이 아니라 겨울이기 때문입니다. 그래서 하지 때 남위 41°에서는 낮 길이가 짧아져 9시간밖에 되지 않습니다. 반대로 남반구가 여름인 12월 21일경 동지 때 남위 41°에서는 낮의 길이가 15시간이고, 같은 시기 남위 66.5° 이남에서는 낮의 길이가 24시간이 됩니다.

이처럼 지구의 자전축 기울기로 인해 계절이 발생하고, 위도에 따라 낮의 길이가 달라집니다. 따라서 북극권에 속하는 그린란드 북부 북극해 연안, 알래스카 배로 지역에서는 여름 낮의 길이가 24시간인, 즉 밤이 되어도 해가 지지 않는 백야 현상이 나타나는 것입니다.

상트페테르부르크의 백야는 '순한 맛 백야'

고위도 지역은 평균 기온이 낮은데, 특히 겨울이 길고 날씨가 혹독합니다. 고위도에 사는 사람들은 이처럼 혹독한 날씨에 적응하면서도, 한편으로 날씨가 따뜻해지는 여름을 손꼽아 기다립니다. 여름과 함께 백야 현상이 찾아오면 이를 축복이라도 하듯, 사람들은 축제를 개최합니다. 그렇다면 이 축제는 어디에서 볼 수 있을까요?

'백야'라는 자연현상이 나타나는 곳은 앞서 언급했듯이 북극권과 남극권입니다. 고위도에 해당하는 러시아, 스웨덴, 노르웨이, 캐나다 등에 사는 사람들은 여름을 반기며 하지 전후로 여러 행사를 개최합니다. 대표적인 축제로는 스웨덴의 '미드서머Midsummer'를 꼽을 수 있습니다. 그리고 러시아의 상트페테르부르크St. Petersburg에서는 '백야 축제White Night Festival'를 개최합니다.

상트페테르부르크는 북위 59°57′, 동경 30°19′에 위치합니다. 위도상으로 북극권의 경계선보다 약 7° 이남이지만, 북극권에 꽤 가까운 고위도에 위치합니다. 상트페테르부르크는 1713년부터 1918년까지 러시아 제국의 수도였으며, 꽤 오랜 기간 러시아 사회와 문화에서 중요한 역할을 해왔습니다.

상트페테르부르크는 춥고 농사도 짓기 어려운데, 왜 러시아 제국은 기존 중심지인 모스크바보다 더 고위도에 위치한 상트페테르부르크에 도시를 건설하고, 심지어 수도까지 그곳으로 옮겼을까요? 그

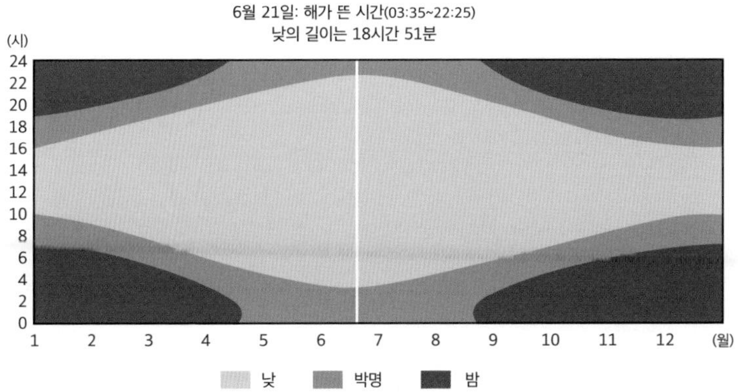

상트페테르부르크에서 시기별 낮, 밤, 박명의 길이

것은 상트페테르부르크가 발트해 연안에 위치해, 근대화된 서유럽과 해상으로 교류하기에 편했기 때문입니다. 상트페테르부르크에는 지금도 러시아가 강대국으로 부상하던 시기에 제국의 중심지로 명성을 떨쳤던 유산이 많이 남아 있습니다. 현재도 인구 500만 명이 넘는 대도시로서, 세계에서 인구 100만 명이 넘는 도시 중 가장 북쪽에 있습니다.

상트페테르부르크는 고위도에 있어, 겨울이 매우 길고 추우며 밤이 길어 관광 시즌이 짧습니다. 따라서 많은 외국 관광객과 러시아 사람들은 매년 여름을 기다립니다. 여름이 다가올수록 낮이 길어지기 때문이지요. 여름에는 백야가 도시를 물들입니다. 그렇다고 완벽하게 밤이 없는 것은 아닙니다.

사실 상트페테르부르크는 위도상으로 북극권의 경계선보다 약

상트페테르부르크의 붉은 돛 축제

상트페테르부르크의 박명

7° 이남에 있기 때문에, '완전한 백야'가 나타나지는 않습니다. 여름에는 대략 밤 10시부터 새벽 3시경까지가 밤입니다. 하지만 완전히 깜깜하지는 않습니다. 이는 '박명twilight'이라는 현상과 관련이 있습니다. 박명은 여명, 황혼, 어스름 등으로 부르기도 하는데, 밤이 시작되거나 끝나는 시기 전후 대기가 약간 밝은 상태를 뜻합니다.

일몰 이후 시간이므로 분명 밤이지만, 완전히 어두워지지 않는 이유는 바로 '산란' 때문입니다. 태양이 지평선 아래로 졌음에도, 지평선 아래 일정 고도 내에 있으면 대기의 산란에 의해 일부 빛이 도달해 '약한 밝음'이 나타나는 것입니다. 태양이 지평선 아래 12° 이내에 있을 때는 별들이 보이기 시작하고, 수평선도 구분할 수 있으며, 항해할 때 위치도 알 수 있을 정도입니다. 북위 54° 이북에서는 하지 때 짧은 밤에도 완전히 어두운 밤이 아닌 박명 상태를 보이기 때문에, 시민들은 일상 수준에서 거의 백야로 느낍니다. 북위 59°57′인 상트페테르부르크는 여기에 해당하기 때문에, 비록 '완전한 백야'는 아니지만, '약 19시간의 매우 긴 낮'과 '약 5시간의 백야에 꽤 가까운 짧은 밤'이 나타납니다.

백야와 함께 살아가는 상트페테르부르크 사람들

상트페테르부르크 백야 축제가 유명한 이유는 '백야의 별 축제'와 '붉은 돛 축제'가 함께 진행되기 때문입니다. 백야의 별 축제는 오늘날 세계 10대 고전음악 축제로 손꼽힙니다. 백야 축제 내내 상트페테르부르크의 마린스키 극장과 콘서트홀에서는 공연이 이뤄지고, 도시 전역에서 예술제가 펼쳐집니다. 극장에서는 오페라가, 콘서트홀에서는 고전 음악회가 열립니다. 그중에서도 발레 공연은 차이콥스키의 작품에 맞춰 세계 최정상급 발레리나와 발레리노들이 참여하는 것으로 유명하고, 거의 매일 밤 공연이 열립니다. 지금은 거의 3개월에 걸쳐 공연이 진행돼, 백야 축제를 대표하는 중심 행사가 되었습니다.

붉은 돛 축제는 러시아의 모든 학교가 종강하는 6월에 이뤄지는 졸업 기념 축제입니다. 러시아에서는 6월에 종업 및 졸업식을 하고, 9월에 새 학기가 시작됩니다. 붉은 돛 축제는 러시아 동화 〈붉은 돛단배Alye parusa〉를 모티브로 만들어졌습니다. 이 동화는 소녀 아솔Assol이 이야기꾼이 말해준 붉은 돛단배를 타고 올 왕자님을 꿈에 그리다 마침내 실제로 만나 사랑에 빠진다는 이야기입니다. 이 〈붉은 돛단배〉가 상트페테르부르크에서 집필되었습니다. 백야와 졸업 시기가 맞물리면서 백야 축제인 동시에 졸업 기념 축제로 열리는 것입니다.

아름다운 밤이었다. 우리가 젊을 때만 만날 수 있는 그런 밤이었다.

표도르 도스토옙스키Fyodor M. Dostoevsky(1821~1881)의 소설《백야》는 이렇게 시작됩니다. 러시아의 대문호 도스토옙스키는 해가 지지 않는 상트페테르부르크의 백야를 배경으로 소설을 썼습니다.[5] 모스크바에서 태어난 도스토옙스키는 상트페테르부르크에 살던 시기에 여러 작품을 썼는데, 그중 하나가 해가 지지 않는 여름을 배경으로 낭만적인 사랑을 그린 소설《백야》입니다. 이렇게 지역의 자연환경적 조건이 문학 작품을 만드는 데 영감을 주기도 합니다.

백야와 극야는 동전의 앞면과 뒷면 같아요

노르웨이의 화가 에드바르 뭉크Edvard Munch(1863~1944)가 그린 회화 작품 〈절규Scream〉를 아시나요? 〈절규〉는 분열하는 인간의 심리를 작품 속 인물의 표정과 분위기를 통해 사실적으로 묘사했습니다. 인물 뒤편 배경을 이루는 하늘은 노란색과 붉은색이 섞여 있는 점이 돋보이는데, 이는 고위도에 위치한 노르웨이의 백야 시기 하늘을 그린 것으로 분석됩니다. 불안하고 우울한 인물의 심경과 배경의 색깔이 어우러지면서 공포스러운 감정을 극대화하여 표현하고 있습니다.

상트페테르부르크에서는 백야와 관련해 한여름의 즐거운 축제, 낭만적인 사랑 등을 그린 문학 작품이 탄생했는데, 고위도인 노르웨이에 살았던 뭉크는 왜 이렇게 백야의 하늘과 태양을 부정적인 감정을 떠올리도록 그렸을까요? 우선 여름의 백야 시기는 밤에도 너무 밝아 잠을 이루기 힘듭니다. 그래서 불면증에 시달리는 사람이 많죠. 불면증에 시달리면 불안감이 나타날 수밖에 없습니다.[6] 이로 인해 고위도 지역 호텔에는 주로 암막 커튼이 설치되어 있습니다. 해가 지지 않아도 수면 시간을 충분히 확보해야 하기 때문이랍니다. 뭉크가 〈절규〉 구석에 "미친 사람에 의해서만 그려질 수 있는"이라는 메모를 남겨놓았다는 사실이 최근에 알려져 화제가 되기도 했습니다.[7] 뭉크는 평생 우울증과 신경쇠약에 시달렸고, 이러한 개인적 심리가 작

뭉크의 대표 작품 <절규>

품 속 자연환경 묘사와 겹쳐진 것입니다.

한편 여름에 백야가 있다면, 여름을 제외한 시기에 밤이 매우 길어지는 극야極夜, polar night도 있습니다. '밤이 없는 나라'는 여름철이 지나면 점점 낮의 길이가 짧아지다, 겨울이 되면 '낮이 없는 나라'가 됩니다. 즉, 밤이 없는 나라는 역설적으로 낮이 없는 나라가 됩니다. 극야 기간에는 영하 40℃까지 기온이 떨어지기도 합니다. 밖이 너무 춥기 때문에 사람들은 대부분 실내에서 생활합니다.

그래도 이곳에서 살아가는 사람들은 나름대로 삶의 지향점을 가지고 있습니다. 집 안 인테리어는 긴 겨울 동안 볼 수 없는 자연을 담고, 밖과 다르게 밝고 따뜻함을 추구했습니다.[8] 또한 집 안에서 오랜 시간 보내려면 공간을 실용적으로 활용해야 합니다. 이렇게 '북유럽 감성'의 원천 또한 자연환경에서 찾을 수 있습니다. 타자의 시선으로 보면 신비롭고 낭만적인 것들이, 현지 주민들에게는 당연한 것일 수도 있습니다.

전향력이 없는 나라

나라 이름 자체가
'적도'라고?

에콰도르

돌고 돌고, 그런데
어느 방향으로 돌지?

여름이 되면 언제나 우리나라를 찾아오는 태풍typhoon. 태풍은 엄청난 비바람을 동반하는 경우가 많아 일기 예보에서 눈을 뗄 수 없게 합니다. 태풍은 항상 안쪽으로 빨려 들어가는 듯한 소용돌이 형태를 띱니다. 그런데 그 방향과 이동 경로를 유심히 살펴본 적 있나요? 태풍이 다가오는 시기는 그때그때 조금씩 다르지만, 도는 방향과 이동하는 경로에 공통점이 있습니다. 적도 인근에서 출발했지만 반시계 방향으로 돌면서 우리나라에 가까워질수록 그 진행 방향이 오른쪽으로 휜다는 거죠. 모두 그렇다면 이것은 우연이 아닙니다. 따라서 무언가 태풍에 영향을 미치는 힘이 존재하는 것 같습니다. 태풍과 같은 열대 저기압이지만, 남반구에서 발생하는 사이클론cyclone은 같은 힘에 의해 시계 방향으로 돌면서 왼쪽으로 휩니다.

북반구의 태풍. 반시계 방향으로 돌고 있다.

남반구의 사이클론. 시계 방향으로 돌고 있다.

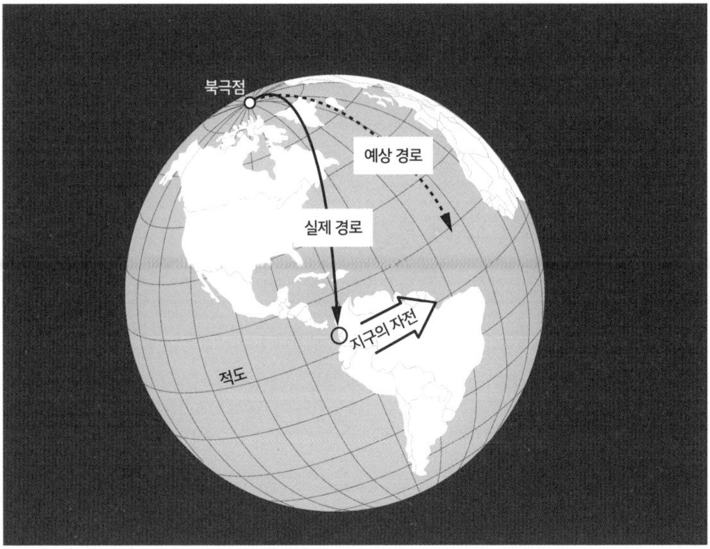

전향력을 고려하지 않으면 목표 지점에서 벗어난다.

이것뿐만이 아닙니다. 장거리 미사일은 목적지까지 최단 경로로 가기 위해 곧게 날아가는 궤도를 가지고 있을 것 같지만, '단순히' 곧게만 날아간다면 북반구에서는 목적지에서 오른쪽으로 벗어난 지점에, 남반구에서는 목적지에서 왼쪽으로 벗어난 지점에 도착하게 됩니다. 따라서 장거리 미사일을 쏠 때는 어떤 힘이 미치는 현상 등을 고려해 정확한 목적지에 도착할 수 있도록 설정한다고 합니다. 하늘 위를 날아다니는 비행기의 항로도 마찬가지입니다.

이 모든 것은 '코리올리 효과coriolis effect'에 의해 나타나는 현상입니다. 코리올리 효과는 지구의 자전earth's rotation으로 만들어지는 전향력(일명 코리올리 힘coriolis force)이 작용함으로써 생깁니다.[9] 전향력은 보이지 않는 가상의 힘이지만, 이로 인해 자유 이동하는 물체의 이동 경로가 옆으로 휘게 됩니다. 1730년대에 조지 해들리George Hadley(1685~1768)는 이 명백한 현상을 설명했지만 정량적인 것은 아니었고, 프랑스의 토목공학자이며 수학자였던 귀스타브 코리올리Gustave Coriolis(1792~1843)가 한 세기 뒤 정량적으로 설명했습니다. 이 현상은 그를 기리기 위해 '코리올리 효과'라고 명명되었고,[10] 코리올리는 지구물리학 및 탄도학 분야에서 중요한 업적을 세우게 됩니다.

이 글을 읽고 있는 순간에도 지구는 자전축을 중심으로 서쪽에서 동쪽으로 회전하고 있습니다. 이는 지구가 생겨난 이후 한 번도 거르지 않고 일어나는 우주적 현상입니다. 항상 일정한 속도를 유지하며 같은 방향으로 도는 자전으로 전향력은 지구상 많은 현상에 영향을 미칩니다. 편서풍과 같은 대기 대순환에 의해 발생하는 탁월풍, 에크만 수송ekman transport이라 부르는 해수의 움직임 등이 바로 대표적인 예입니다.

적도가 지나가는 나라들 그리고 에콰도르

전향력은 적도와도 밀접한 관계가 있습니다. 코리올리 효과 때문에

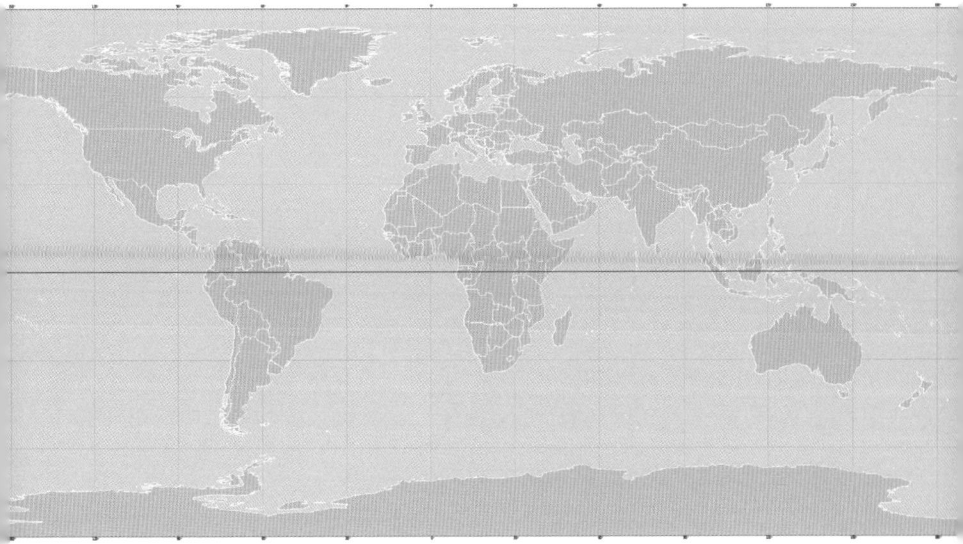

적도가 지나가는 나라들 ©Thesevenseas

운동의 시작 방향과 관계없이 자유 운동을 하는 모든 물체는 북반구에서는 오른쪽으로, 남반구에서는 왼쪽으로 전향하게 됩니다. 또한 전향력은 극에서 가장 크고 적도로 갈수록 점차 감소해, 적도에서는 0이 됩니다."

그렇다면 '적도equator'란 무엇일까요? 한자어 '赤道'는 고대 중국의 천문학에서 태양이 지나는 지점들을 그림으로 표현할 때 빨간 선을 사용한 것에서 유래했습니다. 오늘날의 적도는 위도 0°에 해당하는 지점들을 이은 선입니다. 그리고 북반구와 남반구를 나누는 선이기도 합니다.

미타드델문도 기념탑과
노란색으로 표시된 적도 선

E
CUADOR
0°- 0'- 0" LAT.

지구상에서 적도가 지나가는 나라로는 아프리카의 가봉, 콩고, 콩고 민주 공화국, 우간다, 케냐, 소말리아가 있습니다. 적도 기니는 나라 이름에 '적도'가 들어가지만, 정작 적도가 지나가지 않습니다. 그 외 다른 대륙에서는 인도네시아, 콜롬비아, 브라질 등이 이에 해당합니다.

적도에 걸쳐 있는 가장 대표적인 나라가 있습니다. 심지어 이 나라는 국가명 자체가 '적도'입니다. 만약 이 나라가 영어를 사용했다면 국가명이 '이퀘이터Equator'가 되었을 겁니다. 바로 '적도의 나라' 에콰도르Equador입니다. 에콰도르는 에스파냐어로 적도를 의미합니다. 에콰도르는 과거 에스파냐의 식민 지배를 받았는데, 그 흔적이 오늘날까지 이어지고 있는 것입니다. 에콰도르는 남아메리카에서 태평양과 마주한 곳에 위치해 있습니다.

적도가 지나가는 나라는 많지만, 유일하게 적도를 국가명으로 사용하는 에콰도르에는 적도와 관련된 관광 명소들이 있습니다. 1735년 프랑스 과학자들이 적도를 발견한 성과를 기념하기 위해 만든 기념탑이 있는 곳에 조성된, 세상의 중심이라는 미타드델문도Mitad del Mundo 박물관과, 옛날부터 이 땅에 살던 원주민들이 만든 태양의 길이라는 잉티냔 박물관Museo Intiñan 등이 있습니다. 에콰도르 여행 자료를 찾아보면 이 기념탑과 박물관들이 심심치 않게 등장합니다. 또한 박물관에서는 적도를 가상의 선이라고 비웃는 듯 적도에 해당하는 곳을 색깔로 표시해놓은 '적도 선'도 볼 수 있습니다. 재미있는 사실은 두 박물관의 적도 선 중 한 선만 실제 적도에 있고, 다른 선은 실제 적도에서 벗어나 있는 것입니다. 원주민 박물관인 잉티냔의 적도 선보다 프랑스 과학자들이 발견했다는 미타델문도의 적도 선이 실제 적도에 있을 것만 같습니다.

그런데 오늘날 위성 위치 확인 시스템Global Positioning System, GPS으로 측정한 결과 미타델문도의 적도 선이 실제 적도에서 200m 떨어진 것으로 밝혀졌다고 합니다. 잉티냔의 적도 선이 실제 적도에 해당하는데, 그곳에는 '여기가 진짜 적도야!'라고 외치고 싶은 듯 "세계 한가운데 있는 에콰도르, 위도: 00°00′00″, G.P.S로 계산한(Ecuador in the middle of the world, LATITUDE: 00°00′00″, calculated with G.P.S)"이라고 적힌 안내판이 있습니다. 오늘날 GPS로 알 수 있는 적도를 그 옛날 원주민들은 어떻게 알아차렸는지 새삼 신기합니다. 잉티냔에 가면 전향력과 관련된 특별한 것을 체험할 수 있을지도 모릅니다.

적도에서 전향력을 확인하다?

2003년 개봉한 〈니모를 찾아서Finding Nemo〉는 오스트레일리아의 거대한 산호초 지대 그레이트배리어리프Great Barrier Reef에 사는 물고기 '니모'가 주인공인 애니메이션 영화입니다. 영화에서 니모는 시드니에 있는 한 치과에서 탈출을 감행합니다. 그런데 3초 정도에 불과한 한 장면이 전 세계 관람객들에게 코리올리 효과와 관련해 상당한 논란을 일으켰습니다. 남반구에 있는 시드니에서 물이 반시계 방

잉티냔 박물관의 빨간색으로 표시된 적도 선과 전향력 실험 개수대 ©Ssr

향으로 돌면서 빠지는 것이 옳은가 하는 점이었습니다. 그러면서 제작사인 '월트 디즈니 픽처스&픽사'가 있는 북반구 입장에서 그린 오류가 아니었는지 문제를 제기했습니다. 그런데 여러분은 지금까지 물이 어느 방향으로 돌면서 빠지는지 살펴본 적 있나요? 지금 당장 확인해보고 싶은 친구가 있을지도 모르겠습니다. 그런데 북반구와 남반구의 차이를 살펴보려면, 왠지 오스트레일리아와 같은 남반구로 가야만 할 것 같습니다.

지금까지 아무도 살펴보지 않았을 것 같은 특별한 경험을 만들어 주고 싶었던지, 잉티냔 박물관은 이를 확인할 수 있다는 관광 상품을 기획해 대박을 터뜨렸습니다. 바로 적도에 걸쳐 있다는 지리적 특성을 '이용'한 것이죠. 개수대에서 물을 빼면서 회오리가 생기는지 아닌지 구경할 수 있게 하여 관광객들의 발길을 붙잡고 있습니다. 박물관에서는 이를 통해 북반구와 남반구의 차이를 눈으로 확인할 수 있다고 주장합니다. 여러분이 잉티냔에 가게 되면, 가이드는 적도에 놓인 개수대에서는 물이 돌지 않고 바로 빠진다고 설명하며 조심스럽게 물을 뺄 겁니다. 또한 개수대를 적도에서 북쪽으로 몇 미터 이동시켜 물을 빼보고, 다시 적도에서 남쪽으로 몇 미터 이동시켜 물을 빼볼 거예요. 물이 빠지면서 도는 방향의 차이를 눈으로 확인시키기 위해 나뭇잎까지 띄우는 것은 당연합니다. 인터넷에서 관광객들이 개수대에서 물 빠지는 모습에 놀라워하는 모습이 담긴 영상을 심심찮게 찾을 수 있습니다. 궁금하면 '적도에서 물을 내리면 어떻게 될까?' 혹은 '적도에서의 코리올리 효과Coriolis Effect at the Equator'를 검색해보세요.

적도에서 달걀이 세워질까

개수대에서 물 빼는 구경을 했다면, 뒤이은 하이라이트는 바로 '달걀

세우기 체험'입니다. 콜럼버스의 달걀 이야기도 아니고, 그곳에선 어떤 체험을 즐길 수 있을까요? 사실 콜럼버스와 관련이 없지만, 밑 부분을 깨버리면 쉽게 달걀을 세울 수 있다는 이야기가 발상의 전환이라는 주제로 흥미를 끌었던 것처럼, 이곳은 적도가 지나가기 때문에 못 위에 달걀을 세우는 것이 가능하다고 홍보하고 있습니다. 실제로 달걀을 못 위에 세우면 에그 마스터라는 수료증까지 준다고 합니다. 많은 사람이 못 위에 달걀을 세우려 노력하지만, 당연히(?) 대부분 실패합니다. 이와 비슷한 체험으로 '눈 감은 채 적도 선을 밟으며 걸어가기'가 있습니다. 마찬가지로 적도이기 때문에 눈을 감아도 흔들리거나 이탈하지 않고 직진으로 걸을 수 있다고 말합니다. 바로 적도에서는 '전향력이 나타나지 않기' 때문입니다.

에콰도르에서 전향력과 관련된 관광 상품은 여행객들에게 잊지 못할 멋진 경험을 선사할 수도 있습니다. 하지만 아쉽게도 잉티냔 박물관의 구경거리와 체험들은 많이 과장된 것입니다. 물이 빠지는 데 5초도 안 걸리는 개수대에서 전향력은 물이 내려가는 방향을 결정할 만큼 영향을 주지 못합니다. 전향력은 짧은 시간에 나타나는 움직임에는 영향을 주지 않아, 일상생활 규모에서는 코리올리 효과를 경험하기 힘듭니다. 전향력은 무엇이든 간에 전 지구적 규모에서 나타나는 것처럼 훨씬 더 크고, 긴 시간 움직이는 것들에 영향을 미칩니다.

어찌 되었든 에콰도르의 가이드는 정교한 손놀림으로 관광객들에게 잊지 못할 경험을 선사합니다. 그리고 적도에서는 전향력이 나타나지 않는다는 특성을 이용한 관광 상품들은, 진실을 알면서도 속아주는 마법 쇼와 같이 에콰도르를 방문하는 관광객들을 즐겁게 해줍니다. 그러나 우리가 명심해야 할 것은, 흥미로운 경험들은 과학적인 사실들이 뒷받침될 때 더욱 의미 있다는 점입니다. 그래서 마지막으로 지리학 교수의 말을 인용하며 글을 마치고자 합니다.

> 욕조나 싱크대에서 물이 빠지는 것과 같은 순환 형태는 코리올리 효과의 영향을 받지 않는다. 북반구에서는 싱크대에서 물이 시계 방향으로 돌면서 빠지고, 남반구에서는 반시계 방향으로 빠진다는 속설이 있다. 그러나 물이 빠지는 시간이 매우 짧고 느리기 때문에 코리올리 효과로는 이 현상을 설명할 수 없다. 이 현상은 세면대의 형태와 우연성으로 더 잘 설명될 수 있다. 물론 독자들은 직접 물을 채웠다가 빼는 실험을 통해 이 가설을 검정해볼 수 있다. 지리학자 톰 맥나이트Tom McKnight는 1992~1993년에 5개월 동안 오스트레일리아에 머무르면서 이 실험을 100회 실험했다. 34번은 시계 방향으로, 39번은 반시계 방향으로, 27번은 돌지 않고 그대로 물이 빠졌다.
>
> - Darrel Hess, 윤순옥 외 옮김, 2011, 《McKnight의 자연지리학》, 시그마프레스

2

불편할 것
같지만

이유가
있다

공항이 없는 나라

항공기가
날아오르지 못해도
관광 산업은 최고!

모나코

8

공항을 지을 곳은 어디?

비행기를 타러 공항 가는 길은 언제나 설렙니다. 다른 나라로 빠르게 이동하는 데 비행기만 한 교통수단은 없기에, 나라마다 적어도 한두 개의 공항은 필요할 것입니다.

하지만 세계에는 공항이 하나도 없는 나라들이 있습니다. 공항이 없는 나라 중에서 개성이 강하고 이야깃거리도 많은 모나코Monaco를 중심으로 살펴보겠습니다.

모나코는 프랑스 남부에 있는 아주 작은 나라입니다. 국토 면적이 2.1㎢로, 바티칸 시국 다음으로 작습니다. 서울특별시의 여의도 면적이 2.9㎢이니, 모나코는 여의도보다도 작은 셈입니다. 이 정도면 나라라고 부르기에도 너무 귀여운 규모 같습니다.

모나코의 인구는 약 3만9,000명(2020년 기준)으로, 1㎢당 2만 6,337명이 사는 세계에서 인구 밀도가 가장 높은 나라입니다. 우리

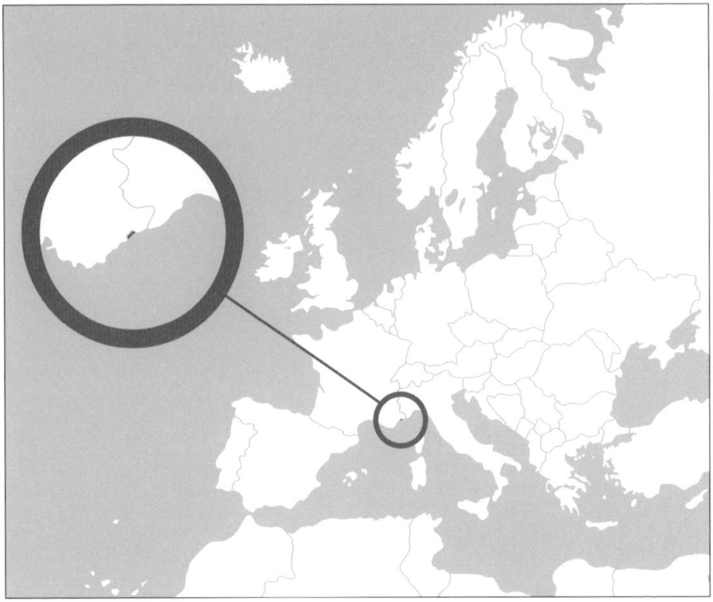

모나코의 위치

나라 서울특별시의 인구 밀도가 1㎢당 1만6,376명이니 모나코의 인구 밀도를 짐작할 수 있겠지요.

공항을 만들 수 없는 모나코

공항이 반드시 갖춰야 할 시설로는 활주로가 가장 먼저 떠오릅니다. 그 밖에도 승객이 오가며 출입국을 확인하는 터미널, 비행기가 안전하게 뜨고 내리게 통제하는 관제탑 등도 필요합니다.

무엇보다 비행기 이착륙에 필수적인 시설은 활주로입니다. 비행기는 일정 구간을 달리며 충분한 속도에 도달해야 뜰 수 있고, 반대로 착륙할 때도 200㎞/h가 넘는 속도를 줄이기 위해서는 상당한 거리가 확보되어야 합니다. 비행기 크기에 따라 이착륙에 필요한 거리가 다르며, 국제선 항공기로 자주 이용되는 보잉 737은 약 2,000m, 가장 큰 여객기인 에어버스 380은 약 3,000m의 활주로가 필요합니다. 인천 국제공항을 비롯해 세계 주요 도시를 연결하는 공항은 자그마치 4,000m에 이르는 활주로를 확보해두고 있습니다.

하지만 모나코에서는 이렇게 긴 활주로를 지을 땅을 확보할 수 없습니다. 일단 면적이 가장 큰 문제로, 모나코 영토를 한쪽 끝에서 반대편 끝까지 연결해도 3,500m가 채 되지 않습니다. 모나코는 영토를 활주로로 가득 채워도 모자랄 정도로 작은 셈이지요. 또한 지중해의 푸른 바다를 바라보고 있는 모나코는 바닷가의 가파른 절벽에 자리 잡고 있습니다. 주변 바다를 일부 매립하긴 했지만, 매립된 부분을 제외하면 평지를 찾아보기 어려워 활주로를 건설하기에 적합하지 않습니다.

모나코처럼 공항이 없는 나라는 또 있습니다. 모두 세계에서 손꼽히는 작은 나라들입니다. 바티칸 시국은 이탈리아의 수도 로마 내부에 있는, 세계에서 가장 작은 나라입니다. 로마라는 대도시 내부에 있는 데다 면적도 아주 작아 공항을 만드는 것 자체가 불가능합니다. 대신 교황 등 바티칸 관계자들이 사용하는 헬기장만 운영되고 있습

평지를 찾기 힘든 모나코의 전경

니다.

또한 산마리노는 이탈리아 중부 지방에 있는 세계에서 가장 작은 공화국이자 가장 오래된 공화국입니다. 티타노산의 바위 경사면을 중심으로 발달한 도시라서 비행기 이착륙이 어렵습니다. 스위스와 오스트리아 사이에 있는 리히텐슈타인 역시 면적이 좁아 공항을 만들 수 없습니다.

공항 대신 헬리콥터의 하늘길

모나코에는 3만9,000명가량의 주민이 거주하는 데다 수많은 관광객이 오갑니다. 카지노를 비롯해 매력적인 관광 자원이 있어 많은 사람이 모나코를 방문합니다. 그렇다면 다른 나라 사람들은 모나코에 어떻게 갈까요?

비행기를 이용해서 모나코에 가려면 프랑스 남부의 휴양 도시 니스Nice를 거쳐야 합니다. 니스의 코트다쥐르 공항에 내려 니스 시내 기차역Gare de Nice Ville에서 열차를 타고 25~30분 정도 가면 모나코몬테카를로Gare de Monaco-Monte-Carlo역에 도착합니다. 프랑스 열차가 운행하는 노선에 있는 모나코몬테카를로역은 모나코의 유일한 철도역입니다. 니스에서 버스를 타고 갈 수도 있습니다. 버스를 이용하면 열차보다 시간이 조금 더 걸리지만 저렴합니다.

프랑스에서 모나코로 국경을 넘어갈 때는 별도의 여권 심사가 필요 없습니다. 모나코의 시가지는 프랑스의 보솔레유Beausoleil와 딱 붙어 길 하나를 사이에 두고 국경을 마주하는 경우가 많기 때문입니다. 심지어 한 건물 내에서 국경이 지나가는 경우도 있다고 합니다. 프랑스와 모나코가 서로 밀접한 관계에 있다는 점도 여권 심사가 필요 없는 이유입니다. 모나코는 유럽 국가 간 이동을 보장하는 솅겐 조약Schengen Agreement에 가입되어 있지 않지만, 프랑스가 솅겐 조약 가입국이므로 여권 심사 없이 모나코에 들어갈 수 있습니다. 그러나 모나코의 관광 안내소에서 입국을 기념하기 위한 여권 스탬프는 찍을 수 있다고 합니다.

특별한 경험을 원한다면 역시 하늘길로 모나코에 가는 방법이 있겠죠. 비행기를 타고 갈 수는 없지만, 헬리콥터는 가능합니다. 헬리콥터는 비교적 좁은 땅에서도 이착륙할 수 있어 모나코에서 널리 이용되고 있습니다. 헬리콥터가 이착륙할 수 있는 헬기장은 모나코의 서쪽 끝에 있습니다. 니스 코트다쥐르 공항에 내리면 헬리콥터로 갈아타는 곳으로 갈 수 있습니다. 헬리콥터를 운영하는 업체가 많지 않고, 최대 다섯 명까지 탈 수 있으며, 비용도 650유로(약 90만 원)에 이를 정도로 비싸지만, 이동 시간이 짧고 모나코 해안을 볼 수 있다는 장점이 있습니다.

모나코는 지중해를 접하고 있어, 바다를 통해서도 들어갈 수 있습니다. 모나코 항구에 정박하고 있는 초호화 요트들은 바다에 나가 해안을 즐기는 관광 상품일 뿐만 아니라, 다른 지역과 모나코를 연결해주는 교통수단 역할도 하고 있습니다. 모나코로 수입되는 화물도 선박을 이용해 항구로 들어옵니다.

공항이 없어도 흥행하는 관광 산업

모나코는 바티칸 시국 다음으로 작은 도시 국가지만, 1인당 GDP가 19만 달러를 웃돌아(2019년 기준 19만512달러)[12] 세계에서 손꼽힐 정도로 부유한 나라입니다. 이처럼 국민소득이 높지만, 탈세가 없는 나라로도 유명합니다. 모나코에서는 1869년 이후 소득세를 부과하지 않기 때문에 탈세할 필요가 없기 때문이죠. 그렇다면 모나코는 어떻게 이처럼 부를 쌓았을까요?

모나코는 대공prince이 다스리는 공국입니다. 조금 생소하지만, 공국은 황제나 왕이 아닌 공작이 다스리는 나라입니다. 모나코의 경우 대공이라고 높여 부르며, 대공은 통치권을 인정받아 독립적인 영토가 있으며 왕위를 계승할 권리가 있는 군주를 의미합니다.

모나코가 오늘날의 모습을 갖추는 데는 9대 대공인 샤를 3세Charles III(1856~1889)의 공이 컸습니다. 붕괴 직전의 모나코에서 미래를 고민하던 샤를 3세는 고급 리조트 단지 개발을 지시하고, 카지노 개장을 허용했습니다. 에메랄드빛 바닷물이 반짝이는 고급 휴양지로 만들어 관광객들이 오는 것도 중요하지만, 그들이 머무르며 돈

F1 대회가 열리는 모나코 서킷의 페어몬트 헤어핀

을 쓰도록 하는 것이 더욱 중요하다고 판단한 거죠. 실제로 카지노는 모나코 대공궁의 중요한 수입원이 되어주었습니다. 오늘날까지도 모나코 국가 재정에 크게 기여하고 있습니다. 카지노 수입으로 인해 국민이 세금을 낼 필요가 없게 된 것도 샤를 3세 재임 때부터입니다. 그래서 카지노 주변을 '샤를의 산'이라는 의미로 몬테카를로Monte-Carlo라 부른다고 합니다.

모나코를 세계적으로 유명하게 만든 것은 카지노뿐만 아니라, 포뮬러 1Formula 1, F1의 영향도 아주 큽니다. 포뮬러 1은 세계 최고 모터스포츠로 손꼽히며, 300㎞/h 이상의 높은 속도를 낼 수 있는 극한의 자동차 대회입니다. 1929년 처음 그랑프리Grand Prix(자동차 대회)가 열린 이래, 모나코는 모터 스포츠를 상징하는 나라로 인식되고 있습니다. 지금과 같은 포뮬러 1 대회는 1950년부터 개최되었습니다.

모나코 시내의 일반 도로를 서킷으로 개조한 시가지 서킷으로, 모나코의 지형을 반영해 도로의 폭이 좁고 구불구불해 레이스를 펼치기에 어려운 코스입니다. 포뮬러 1 차량도 모나코에서는 시속 280㎞ 정도까지만 가능합니다. 그중에서도 180°로 급격하게 돌아나가 마치 머리핀을 닮은 코너 '페어몬트 헤어핀'에서는 시속 45㎞까지 줄여 돌아나가는데, 포뮬러 1이 열리는 서킷 중 가장 느린 코너로 알려져 있습니다.

모나코는 전반적으로 직선이 거의 없어 최고 속도를 내기 어렵고, 도로 폭이 좁아 다른 차를 추월하기가 너무 어려운 서킷으로 알려져 있습니다. 따라서 일종의 예선전으로 레이스 출발 순서를 정하는 퀄

리파잉qualifying에서 좋은 성적을 거두어, 본선 레이스 때 맨 앞에서 출발하는 것이 중요한 서킷입니다.

포뮬러 1이 열리는 기간에는 모나코 모든 호텔의 가격이 폭등함에도 순식간에 예약된다고 합니다. 특히 사진 스폿으로도 유명한 페어몬트 헤어핀을 관람할 수 있는 호텔, 카페 등을 예약하려면 경쟁이 치열합니다.

모나코의 경제 발전

샤를 3세 때 프랑스와 철도를 연결하고 카지노를 개장한 이래 모나코의 경제 발전은 가속화되었습니다. 경제 발전은 다양한 문화 예술의 발전을 동반했습니다. 모나코 국립 교향악단, 몬테카를로 발레단은 세계적으로 잘 알려진 모나코의 자부심입니다. 봄 예술제와 재즈 페스티벌 등 각종 축제도 세계적으로 잘 알려져 있습니다. 또한 먹거리도 빼놓을 수 없죠. 미슐랭 스타를 받은 10여 개의 레스토랑이 지중해의 신선한 식재료를 활용해 음식을 만들고 손님을 기다리고 있습니다.

문화 공연, 크루즈, 카지노와 포뮬러 1 등으로 인해 모나코의 금융, 부동산, 호텔 등의 서비스업이 성장해, 오늘날 모나코 전체 GDP의 60%에 이를 정도로 중요한 부분을 차지합니다.

작은 면적과 가파른 지형 때문에 공항은 갖추지 못했지만, 아름

모나코의 유명한 관광지 몬테카를로 카지노

다운 자연경관을 경제 발전에 적극적으로 활용한 샤를 3세의 혜안이 세계적 관광 명소인 현재의 모나코를 만들었다고 해도 과언이 아닙니다. 공항이 없어도 흥미로운 즐길 거리로 가득 찬 모나코는 지금 이 순간에도 세계를 향해 손짓을 하고 있습니다.

열차가 없는 나라

얼음과 불의 땅,
자동차로 거친 땅을
달려보자!

아이슬란드

유럽의 철도

만약 유럽으로 여행을 간다면, 여러분은 어떤 교통수단을 이용할 것 같나요?

17세기 영국에서 산업 혁명이 시작된 이래, 유럽 많은 국가에서 교통수단의 혁신이 일어났습니다. 따라서 현재 가장 다양한 교통수단을 만날 수 있는 대륙으로 유럽을 꼽을 수 있습니다. 세계적으로 명성이 높은 브랜드의 자동차들이 도로를 달리고, 주요 도시 중심부에는 트램tram(노면 전차)이 사람들의 발걸음을 대신합니다. 그리고 도시와 도시를 연결하는 교통수단으로 철도를 흔히 이용합니다.

철도는 선로rail에 열차를 올려서 운행하는 교통수단을 의미합니다. 철도는 열차를 이용해 많은 여객과 화물을 운송할 수 있어 전 세계 많은 나라에서 널리 이용되는 교통수단입니다. 우선 유럽의 철도에 대해 이야기해보겠습니다.

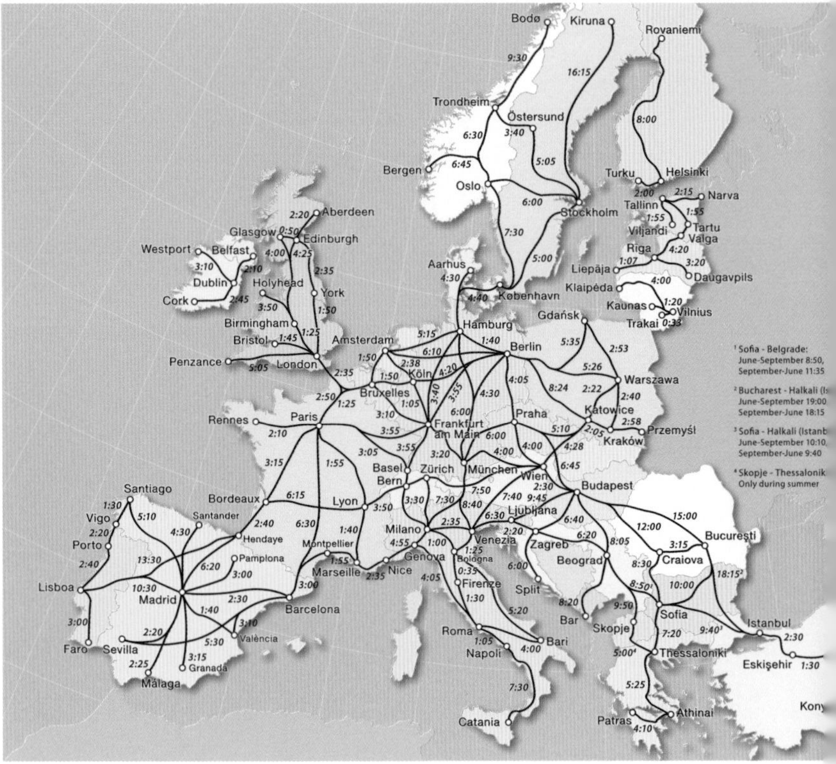

유레일 노선도

1825년 영국의 스톡턴-달링턴 노선에서 세계 최초로 상업철도 영업이 시작되었고, 1830년 리버풀과 맨체스터를 잇는 도시 간 철도가 개설된 이후 유럽 전역에 철도 노선이 놓였습니다. 특히 서부 유럽은 세계에서 손꼽힐 정도로 철도가 촘촘합니다.

유럽에서는 시속 200km 이상 달리는 고속열차뿐만 아니라, 다양한 형태와 다양한 등급의 열차가 주요 도시를 연결합니다. 다양한 등급의 열차는 속도, 정차역 수 등에 차등을 두어 승객을 목적지까지 빠르게 운송합니다. 독일의 경우, 이체에ICE, 인터시티Intercity, IC, RERegional Express, RBRegional Bahn, S반S-Bahn 등의 등급이 있으며, 고속열차인 이체에와 인터시티는 주요 도시를 빠르게 연결하고, RE와 RB는 작은 도시까지도 연결합니다. 특히 RB와 S반은 작은 역에도 정차합니다.

독일의 이체에뿐만 아니라 프랑스의 테제베TGV 역시 유럽에서 유명한 고속열차입니다. 영국의 하이스피드High Speed, 에스파냐의 아베AVE, 이탈리아의 레프레체Le Frecce와 이탈로Italo 등이 각 나라를 대표하는 고속열차 노선입니다. 여러 나라의 철도 회사가 합작해 노선을 운영하는 경우도 있습니다. 오스트리아와 체코가 운영하는 레일젯Railjet, 프랑스와 독일, 네덜란드, 벨기에의 철도 회사가 합작한 탈리스Thalys 등의 고속열차는 다른 나라 도시까지 연결합니다.

이렇게 유럽 구석구석을 연결하는 철도를 이용해 유럽 여행을 할 수도 있습니다. 일정 기간 유럽 내 대부분 열차에 탑승할 수 있는 유레일 패스Eurail Pass는 유럽 여러 도시를 여행하는 사람들에게 많은 사랑을 받습니다. 유레일 노선도를 보면, 철도가 많은 도시를 촘촘하게 연결하고 있음을 알 수 있습니다.

유럽에서는 철도를 보편적으로 이용하지만, 철도를 볼 수 없는 나라가 있습니다. 유럽 북서부에 위치한 섬나라 아이슬란드Iceland입니다. 아이슬란드에서는 왜 철도를 볼 수 없는지 알아보겠습니다.

얼음과 불을 가진 거친 자연환경

아이슬란드는 북위 63°~67°의 고위도에 위치한 섬나라입니다. 일부 지역은 북극권에 해당하기도 하는 이 나라를 흔히 '얼음과 불의 나라'라고 표현합니다. 얼음과 불은 아이슬란드에서 일어나는 모든 지리적 현상의 기초가 되지요. 그중 얼음에 대한 이야기를 먼저 해보겠습니다.

아이슬란드는 고위도 해양에 있어 국토 대부분에서 한대 기후의 하나인 툰드라 기후tundra climate가 나타납니다. 중앙의 하일랜드Highlands는 해발 고도도 높고 바다와 멀어 산꼭대기에 빙하가 남아 있거나, 짧은 여름에만 살짝 녹을 정도로 추운 곳입니다. 그래서 하일랜드 지역에서는 거주지를 찾아보기가 어렵습니다.

남부의 해안 지역에는 서안 해양성 기후가 나타납니다. 서부 유럽의 서안 해양성 기후temperate oceanic climate와 달리 북극에 가까워 기온이 낮습니다. 그래서 이 일대 기후를 '고위도의 서안 해양성 기후subpolar oceanic climate'라고 부릅니다. 난류인 북대서양 해류의 영향으로 위도대에 비해서 따뜻해, 아이슬란드 인구 대부분은 이 기후 지역에서 거주합니다. 그렇지만 여름에도 가벼운 패딩을 입고 다니는 사람이 있을 정도의 기온입니다.

날씨는 어느 계절이든 변화무쌍한 것으로 알려져 있습니다. 특히 겨울에는 눈이 자주 내리고, 오랫동안 눈이 쌓이기도 하며, 때로는

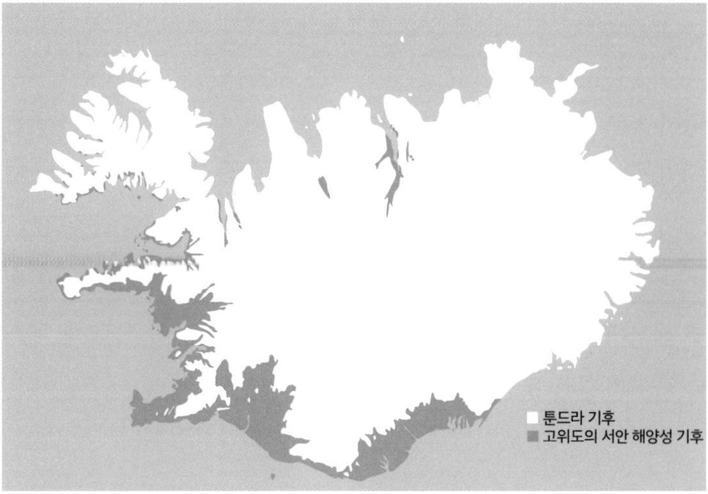

아이슬란드의 기후 분포

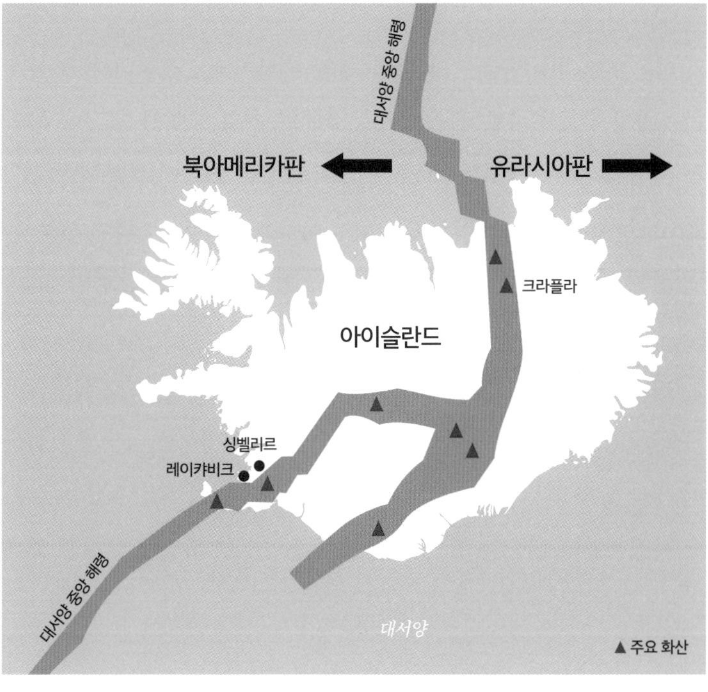

아이슬란드 판의 경계

눈 폭풍으로 집이나 마을이 고립되기도 합니다. 당연히 도로가 눈에 덮여 있는 기간도 깁니다. 겨울에 얼어 있던 도로가 봄이 되면 녹으면서 도로 포장이 망가지는 경우도 많습니다. 도로를 다시 포장하는 데 비용이 너무 많이 들어, 통행량이 많지 않은 도로는 아스팔트 포장 대신 자갈로 지반을 다진 자갈길gravel road로 이루어져 있습니다.

마찬가지로 철도가 있다면 관리하는 데 어려움이 생기겠죠? 겨울철 선로에 쌓인 눈을 제때 치워주지 않으면 열차 바퀴가 선로에 제대로 놓이지 않을 것입니다. 겨울에 얼었던 지반이 녹으면서 철길이 틀어져 열차가 선로를 이탈하면 큰 사고로 이어질 수도 있습니다. 또한 춥고 눈이 많이 내리면 열차의 문과 창문이 자주 고장 나기도 합니다. 이렇게 겨울은 철도 운영에 혹독해 아이슬란드에서는 철도를 볼 수 없습니다.

다음으로 아이슬란드의 불에 대해 이야기해보겠습니다. 북아메리카판과 유라시아판에 걸쳐 있는 아이슬란드는 화산 활동이 활발한 지역입니다. 2010년대 이후에도 여러 차례 화산이 분화했습니다. 2010년 에이야퍄들라이외퀴들Eyjafjallajökull 화산의 분화로 서부 유럽 전체 항공 교통이 마비된 적이 있고, 2015년 바르다르붕가Bardarbunga 화산의 분화로 아이슬란드 내륙에 홀루흐라운Holuhraun이라는 거대한 용암 대지가 만들어졌습니다. 2021년 3월, 수도 레이캬비크Reykjavik에서 멀지 않은 곳에서 파그라달스퍄들Fagradalsfjall 화산이 새로 분화해 많은 사람이 화산을 구경하러 몰려들기도 했습니다.

사실 아이슬란드는 거의 모든 땅이 용암으로 뒤덮여 있다고 해도 지나치지 않습니다. 어디서든 용암 대지와 화산을 쉽게 볼 수 있습니다. 잘 흐르는 성질이 있는 용암이 땅을 뒤덮으면 평탄한 땅을 만드는데, 이를 용암 대지lava field라고 합니다. 용암 대지의 표면은 거칠고 높낮이가 일정하지 않아 걸어다니기도 쉽지 않습니다. 걷기 불편한 땅에 도로나 선로를 놓기란 쉬운 일이 아니겠지요.

현무암을 비롯해 용암 대지를 이루는 암석들은 굴착이 쉽지 않은 것으로 알려져 있습니다. 제주도에서 터널을 보기 힘든 이유와 같습니다. 철도는 자동차와 달리 경사가 완만해야 하기 때문에 다리나 터널을 많이 만들어야 합니다. 표면이 울퉁불퉁하고 지반이 단단한 용암 대지에 다리와 터널을 만들려면 고도의 공학 기술과 많은 비용이 필요할 것이라고 짐작할 수 있습니다.

적은 인구로 인한 수요 부족

눈이 많이 오는 추운 기후와 화산 활동으로 인한 지형 조건만으로 철도가 건설되지 않은 이유를 설명하기에는 조금 부족합니다. 현대 토목 기술로 어떻게든 철도를 건설해 운영하는 나라가 많기 때문이지요. 아이슬란드에도 기후와 지형적 제약을 극복하고 도로 시설을 갖춘 곳이 있습니다. 앞서 이야기한 자갈길이 대표적이고, 단단한 암반을 뚫고 건설된 자동차 터널도 많습니다. 따라서 기술적으로는 가능

파그라달스퍄들 화산을 구경하는 사람들

하지만, 경제적인 이유로 철도를 건설하지 않았다고 볼 수 있습니다. 경제적 이유라면 수요 측면, 즉 인구 때문입니다.

척박한 토양과 가혹한 기후 조건으로 인해 아이슬란드는 농업 생산량이 많지 않고, 인구도 적습니다. 총면적이 10만3,000㎢로, 국토 면적으로는 세계 106위입니다. 총면적이 10만360㎢로 107위인 남한과 비슷합니다. 하지만 아이슬란드의 총인구는 36만8,372명(2021. 1. 1. 기준)으로, 서울특별시 마포구나 강원도 원주시와 비슷한 수준입니다. 즉, 원주시 인구 정도가 남한 면적에 흩어져 살고 있는 셈입니다.

이처럼 인구가 적어 철도와 같은 사회 기반 시설을 많이 만들기 어렵습니다. 철도를 건설하는 데 필요한 비용을 세금만으로 마련하기 어렵고, 설령 만들더라도 이용객이 적어 수익이 충분히 발생하지 않을 수 있기 때문입니다.

주요 도시의 인구 규모에서 보듯이 수도 레이캬비크는 13만 명 정도이고, 9위부터는 도시로 분류되는 지방 자치 단체임에도 1만 명이 채 되지 않습니다. 게다가 1위부터 4위까지는 레이캬비크와 그 주변으로, 수도권에 아이슬란드 인구의 60% 이상이 살고 있습니다. 수도권을 벗어나면 마을도 보기 어려운 대자연 세계가 펼쳐집니다. 수도권에서 다른 지방을 오가는 사람이 많지 않아, 도시와 도시를 연결하는 철도가 굳이 필요하지 않습니다.

따라서 아이슬란드에서 널리 이용되는 교통수단은 아무래도 자동차, 즉 도로 교통입니다. 철도보다 적은 비용으로 도로를 만들어

아이슬란드 지방 자치 단체별 인구 통계 (2021. 1. 1. 기준)

사람들이 이동할 수 있도록 하고 있습니다. 따라서 아이슬란드에서는 자동차가 생활필수품입니다. 아이슬란드에 등록된 승용차 수는 27만 대 정도로, 인구 대부분이 차량을 소유하는 셈입니다. 또한 아이슬란드 전역에 걸쳐 도로 네트워크가 체계적으로 갖추어져 있으며, 도로 번호가 매겨져 국민들은 물론, 차량을 렌트한 여행자들도 도로 번호를 통해 편리하게 이동할 수 있습니다. 또한 도로 네트워크를 바탕으로 여행객을 위한 투어버스, 시외버스 등이 다수 운행되고 있습니다.

멀리 떨어진 도시를 연결하는 데는 건설비 부담이 적은 비행기가 이용되기도 합니다. 활주로와 작은 터미널을 갖춘 공항만으로도 충분하기 때문입니다. 레이캬비크에서 2위 도시 아퀴레이리Akureyri, 동부의 에이일스타디르Egilstadir, 북서부의 이사피외르뒤르Isafjördur 등으로 연결된 항공편이 매일 정기적으로 운항합니다. 하지만 비행기가 인기 있는 이유는 무엇보다 빠르기 때문입니다. 레이캬비크에서 아퀴레이리까지 승용차로 4시간 40분 거리지만, 비행기를 이용하면 45분 만에 갈 수 있습니다. 철도를 놓더라도 비행기보다 빨리 이동하기는 쉽지 않습니다. 게다가 날씨를 고려하면 더 늦어질 수도 있겠죠. 철도가 비행기보다 그다지 매력적이지 않은 이유입니다.

라바 익스프레스

아이슬란드는 앞으로도 철도를 건설할 생각이 없을까요? 그렇지는 않습니다.

1900년대 초반 레이캬비크와 남부 도시 셀포스를 연결하는 철도 건설이 제안된 적이 있습니다. 하지만 도로 교통과의 경쟁에서 밀려 받아들여지지 않았습니다. 이후 1913~1917년에 레이캬비크 항만 건설을 위해, 1925~1930년에 레이캬비크 외곽의 농장에서 철도를 잠시 운영한 적이 있지만, 도시 간 여객과 화물을 운반하기 위한 목적으로 운영된 적은 없습니다.

아이슬란드가 인기 여행지로 주목받으면서 레이캬비크 시내에서 케플라비크 국제공항을 오가는 여행객이 급증함에 따라, 2016년 이후 두 곳을 연결하는 공항 철도가 추진되고 있습니다. 레이캬비크에서 케플라비크 국제공항까지는 직접 운전하거나 시내의 버스 터미널에서 버스를 타야 하지요. 시내에서 공항까지는 45분 정도 걸립니다. 게다가 여행객의 수요가 많은데도 대중교통 편이 충분하지 않아, 레이캬비크의 호텔에서는 비행편이 많은 새벽 시간대에 공항까지 셔틀버스를 운행하기도 합니다.

그래서 수도권의 시민과 점점 증가하는 여행객의 편의를 위해 고속 공항철도 건설을 추진하고 있는 것입니다. 시속 250㎞ 속도로 시내와 공항을 15분 만에 운행할 라바 익스프레스Lava Express는 총길이 49㎞로 계획되었는데, 레이캬비크 인근의 14㎞ 구간은 터널로 건설할 예정입니다. 아이슬란드에서 사람들의 이동이 가장 많은 구간에 고속철도가 만들어지는 셈인데, 레이캬비크를 통해 여행을 시작하는 많은 사람에게 커다란 도움이 될 것으로 기대하고 있습니다.

자국 화폐가 없는 나라

국가 경제를 위해 '달러라이제이션'을 선택하다

짐바브웨

10

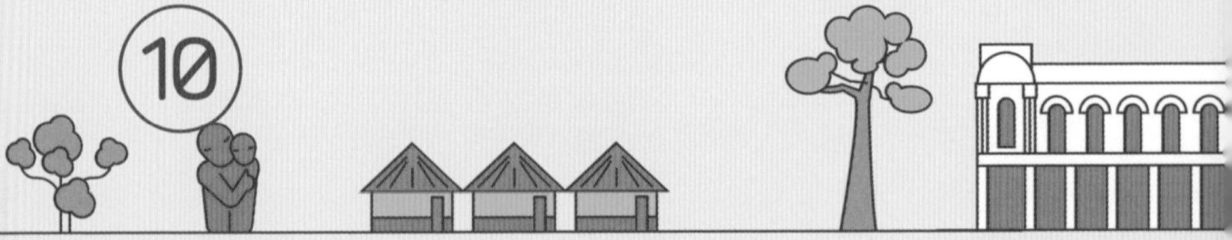

자연인도 자급자족은 힘들어

사람이 살아가려면 필요한 것이 참 많습니다. 당장 먹을 물과 음식이 필요하고, 입을 옷과 살 집도 필요합니다. 자신이 필요한 모든 것을 직접 만들어 해결하는 것을 자급자족自給自足이라고 합니다. 하지만 각자 자신이 가장 잘하는 일에 집중하면 더 많이 생산할 수 있고, 각자 생산한 것들을 교환하면 모두에게 이익이 됩니다. 경제학의 아버지로 꼽히는 애덤 스미스Adam Smith(1723~1790)가 핀 공장에서 분업의 이익에 주목한 이유이기도 합니다.

서로 자신에게 많은 물건을 가져와 필요한 물건과 바꿔가는 것을 물물교환物物交換이라고 합니다. 문제는 매번 물건을 들고 다니기도 힘들뿐더러, 필요한 물건이 서로에게 있을 거라는 보장도 없다는 점입니다. 게다가 필요한 물건의 종류가 많아지면 교환이 너무 복잡해집니다.

현재까지 발견된 세계에서 가장 오래된 금속화폐(기원전 6~7세기, 리디아왕국 ©cngcoin)

그래서 아주 먼 옛날부터 화폐를 사용했습니다. 사람들이 화폐의 가치를 인정해주면, 모든 것이 간단해집니다. 음식은 가만히 두면 썩지만, 화폐는 가치가 지속됩니다. 서로 교환할 때도 편하고, 가치가 어느 정도인지 평가하기도 쉽지요.

화폐가 처음부터 우리가 아는 형태였던 것은 아닙니다. 거래하는 물건 자체의 가치를 가지고 화폐처럼 쓰기도 했습니다. 쌀·가축·옷감 등은 그 자체로도 가치가 있어 조선 시대까지 널리 화폐처럼 사용되었습니다. 로마 제국 초기에는 생존에 꼭 필요한 소금이 화폐가 되었고, 러시아에서는 술인 보드카가 화폐처럼 쓰였으며, 중앙아메리카 일대에서는 초콜릿의 원료가 되는 카카오가 화폐처럼 사용되었습니다. 고대 중국에서는 조개가 화폐 역할을 했기 때문에, 한자 '조개 패貝'는 돈과 관련된 여러 글자에 들어 있습니다.

잘 닳지 않고 유용한 금속으로 화폐를 만들기도 했습니다. 구리로 만들면 동전, 철로 만들면 철전, 은이나 금으로 만들면 은화나 금화라고 합니다. 다만, 금속 화폐는 가치가 커지면 너무 무거워 들고 다니기가 쉽지 않습니다. 그래서 더 가볍게 종이 화폐를 만들게 되었는데, 이것을 지폐라고 합니다. 대부분 국가에서 지금까지 사용하고 있지요. 우리가 흔히 사용하는 천 원, 오천 원, 만 원, 오만 원권이 바로 지폐입니다.

화폐가 없는 나라라고?

화폐는 경제 활동 전체에 영향을 미치기 때문에 아주 중요합니다. 그래서 화폐 발행 권한을 아무에게나 주지 않습니다. 화폐 발행 권한을 가진 곳을 중앙은행이라고 부르는데, 우리나라의 한국은행과 영국의 잉글랜드 은행, 미국의 연방준비제도가 이런 역할을 합니다.

그래서 모든 나라는 중앙은행을 아주 중요하게 생각합니다. 중앙은행은 각 나라에서 생산된 가치를 정교하게 계산합니다. 또한 화폐를 시중에 적절하게 유통해, 물가를 안정적으로 관리함으로써 사람들이 경제 활동에 집중할 수 있게 합니다.

모든 화폐는 사람들이 가치를 인정해야 의미가 있습니다. 우리가 글자와 숫자가 써 있는 종이돈을 용돈으로 받으며 좋아하는 이유는 그 종이에 적힌 한국은행을 믿기 때문입니다. 하지만 화폐의 가치가 항상 안정된 것은 아닙니다. 화폐 가치가 떨어져 상대적으로 물가가 계속해서 상승하는 현상을 인플레이션inflation이라 하고, 반대로 물가가 하락하는 현상을 디플레이션deflation이라고 부릅니다. 경기가 호황이면 인플레이션이, 경기가 불황이면 디플레이션이 발생하는 편입니다. 문제는 지독한 인플레이션인 '하이퍼인플레이션hyper inflation'이 발생하면 화폐의 가치가 폭락해 더 이상 화폐로 기능하기 어려운 경우가 생긴다는 점입니다.

하이퍼인플레이션이 발생한 대표적인 나라가 짐바브웨Zimbabwe입니다. 아프리카 남부 내륙국가인 짐바브웨는 아프리카 최후의 코뿔소 서식지로 유명합니다. 1980년부터 총리를 맡았던 로버트 무가베Robert G. Mugabe(1924~2019)는 1987년 대통령제로 바뀐 이후 2017년까지 대통령으로 장기집권한 독재자였습니다.

짐바브웨는 1980년대까지만 해도 광물 자원과 관광 자원이 풍부하고 농업과 제조업을 중심으로 산업화의 기반을 마련한 것으로 평가받았지만, 1990년대 이후 심각한 가뭄과 대외 원조 감소로 경제 상황이 악화되면서 하이퍼인플레이션이 발생했습니다. 결국 짐바브웨 달러의 가치가 계속 폭락해, 나중에는 인플레이션 비율이 10억%를 넘었습니다. 100조 짐바브웨 달러로 달걀 3개를 살 수 있는 수준이었습니다. 이런 지경이 되자 짐바브웨 정부는 인플레이션율을 계산하는 것이 불가능해지고, 짐바브웨 국민도 짐바브웨 달러를 사용하지 않게 되었습니다. 결국 짐바브웨 정부는 2009년부터 짐바브웨 달러를 사용하지 않게 되어, 사람들은 미국 달러를 사용하고 있습니다.

100조 짐바브웨 달러 지폐

하이퍼인플레이션으로 가치가 폭락한 짐바브웨 달러 지폐를 세는 사람

하이퍼인플레이션은 짐바브웨만의 문제가 아닙니다. 베네수엘라에서는 2018년부터 물가가 1년에 2,000%씩 오르며 볼리바르 화폐가 뉴스에 나오기도 했습니다. 파나마의 법정통화 발보아는 미국 달러와 가치가 같아, 지폐는 미국 달러를 사용하고 발보아는 동전만 만들어 사용합니다. 에콰도르도 하이퍼인플레이션 이후 화폐였던 수크레를 포기하고 미국 달러를 사용하고 있으며, 엘살바도르도 마찬가지입니다. 이처럼 미국 달러를 자국 화폐로 이용하는 것을 '달러라이제이션dollarization'이라고 부릅니다.

화폐의 힘

화폐를 발행하는 것은 결코 쉬운 일이 아닙니다. 그래서 화폐는 전통적으로 국가의 경제적 주권이었습니다. 중앙은행이 통화량이나 이자율을 조절하면 물가가 안정되어, 결과적으로 경제도 안정되기 때문입니다. 화폐는 사람들이 가치를 인정하는 데서 출발하다 보니, 아무래도 경제 규모가 크고 기초가 튼튼한 국가는 화폐 가치가 안정적이고 영향력이 더 큽니다.

미국 달러는 미국 국내에서 사용되는 화폐지만, 미국이 세계 최강대국이므로 달러의 영향력이 아주 큽니다. 금이 세계 어디서든 귀금속으로 인정받는 것처럼, 미국 달러는 세계 곳곳에서 유용한 화폐로 인정받습니다. 세계에서 세 번째로 경제 규모가 큰 일본의 화폐 엔円

도 세계에서 널리 인정받습니다. 이처럼 세계에서 가치를 인정받아 널리 쓰이는 화폐를 '기축통화'라고 부릅니다. 우리나라의 경제 규모도 세계 10위권으로 작은 편은 아니지만, 한국은행의 '원'은 세계 어디서든 가치를 인정받는 기축통화로 작용하지 않습니다.

화폐는 국가의 주권이고, 국가마다 사용하는 화폐가 모두 다르기 때문에 해외여행을 가거나 유학생에게 생활비를 송금하려면 현지 화폐나 미국 달러로 환전해야 합니다. 그 과정에서 화폐를 교환하는 비율을 환율이라고 부릅니다. 그러나 달러라이제이션을 시행하는 국가들은 환전 없이 일상에서도 미국 달러를 그냥 사용하면 됩니다. 즉, 짐바브웨 국민이 미국으로 여행할 때는 환율을 계산하는 과정이 필요 없는 셈입니다. 언뜻 생각하기에 환전하는 번거로움이 없으니 훨씬 편할 것 같습니다.

하지만 환율은 중앙은행이 국가 경제를 위해 이용하는 하나의 강력한 방패 역할을 합니다. 환율을 통해 국제 경제와 국가 경제가 상호 작용하기 때문입니다. 예를 들어 환율이 높으면 수입하는 소비재의 국내 가격이 올라가 국민이 사치품을 수입하기 어렵고, 수출하는 기업의 해외 가격은 떨어져 국제 시장에서 경쟁력이 커집니다. 한 나라의 환율 제도는 그 나라의 경제 성장 전략과 밀접하게 연관되어 있습니다. 그래서 국가 경제를 통제하는 수단으로서, 통화의 주권은 매우 중요한 가치를 지니고 있습니다.

자국 화폐가 없으면 외화의 환전 과정도 없기 때문에 국제 경제에서 국가 경제를 방어할 효과적인 수단이 존재하지 않습니다. 국경

짐바브웨 불라와요의 전통 시장

Stork
Stork

유럽의 많은 나라가 사용하는 유로화

을 넘나드는 투기자본, 또는 외화의 위조지폐나 출처를 신뢰할 수 없는 자본이 대량 유입되어 국가 경제의 안정성을 해칠 수도 있습니다. 결정적으로 환율을 관리해 국가 경제를 기획하는 정책을 아예 사용할 수 없게 됩니다. 특히 달러라이제이션을 시행한 국가들은 대부분 경제 규모가 크지 않고 경제의 기초가 튼튼하지 않습니다. 안정적인 경제 성장을 위한 통화 정책이 꼭 필요하지만, 화폐 주권을 상실하고 미국의 통화 정책에 종속되는 처지에 놓여 있는 셈입니다.

우리나라도 대한 제국 시기 일본 다이이치 은행에 화폐 발행권을 빼앗겼습니다. 그 결과 대한 제국의 재정이 종속되고, 일제의 금융 지배를 받았습니다. 영국 식민지는 영국의 파운드를 사용하고, 프랑스 식민지는 프랑스의 프랑을 사용했습니다. 화폐를 통제할 권한

이 본국에 있었기 때문에 대부분의 화폐 정책은 식민지를 착취하기 유리한 방향으로 시행되었습니다. 식민 지배는 끝났지만, 서아프리카와 중앙아프리카 국가들은 프랑을 사용하고 있어, 프랑사프리크Francafrique라는 프랑스와 아프리카의 관계는 여전한 셈입니다.

하지만 화폐의 주권을 자발적으로 포기하는 경우도 있습니다. 독일의 마르크DM나 영국의 파운드£, 프랑스의 프랑₣은 기축통화로 쓰였던 화폐입니다. 제2차 세계 대전 이후 식민지가 독립하면서 유럽 국가들 사이 상호 작용이 점차 강해지자, 1999년 유럽 연합을 구성하는 나라들끼리 그동안 가지고 있던 고유한 화폐를 버리고 유로화Euro, €라는 단일 화폐로 통일했습니다. 이렇게 유로화를 사용하는 지역을 유로존이라 부르는데, 여러 국가에 거주하는 수많은 사람이 사용하다 보니 유로화는 달러 부럽지 않은 지위를 가지게 되었습니다.

더 큰 화폐, 더 작은 화폐

세계화로 인해 다른 나라를 여행하는 일도 많아지고, 국경을 넘어 기업들의 거래도 활발해졌습니다. 그때마다 환전하려면 번거롭고 불편합니다. 그래서 유로처럼 통합된 화폐는 세계 여러 나라의 긴밀한 경제적 상호 작용을 도와줍니다. 이렇게 화폐가 통합을 거듭하다 보면 전 세계가 함께 사용하는 세계 화폐가 등장할 수도 있습니다. 환

최근 사용이 늘어나는 경기지역화폐의 로고

율 신경 쓸 필요 없이 세계 어디서든 화폐의 가치가 같은 세상이 된다면 참 편리할 것 같습니다.

하지만 국가는 화폐 발행의 중요한 주체입니다. 여전히 달러는 강력하고, 세계에서 두 번째로 큰 경제 규모를 자랑하는 중국의 런민비人民幣도 영향력을 점차 키우고 있습니다. 영국은 미국 달러보다 사용 기간이 훨씬 오래되었을 뿐만 아니라 유로화보다 더 가치 있다는 생각에 파운드에 자부심이 커서, 유럽 연합의 일부였던 시절에도 유로화로 통합하지 않았습니다. 유럽 연합에 속하지만 유로존에 속하지 않았던 이런 정체성 때문에 브렉시트Brexit를 결정했는지도 모릅니다.

하지만 동시에 더 작은 공간적 범위에 주목하는 화폐도 등장하고 있습니다. 지역 화폐는 우리 동네에서 생산된 경제적 가치가 다른 곳으로 쉽게 흘러가는 것을 막고, 우리 동네에서 순환되도록 하는 것을 목적으로 시작되었습니다. 해당 지역에서만 쓸 수 있기에 지역 경제 활성화에 즉각적으로 기여하게 되었습니다. 그 효과를 체감한 사람들이 지역 화폐의 가치를 깨달으면서, 방방곡곡에서 지역 화폐가 생겨나고 있습니다.

정보 통신 기술의 발전도 이러한 화폐를 변화시키고 있습니다. 과거 지역 화폐는 지역사랑상품권처럼 지폐 형태였는데, 최근에는 디지털 화폐로 보급되어 많은 사람이 편리하게 이용하고 있습니다. 국가에서 발행하는 화폐들도 블록체인 기술을 활용해 모든 거래 내역이 실시간으로 파악되고 안정적으로 관리되는 세상으로 발전하려 합니다. 여러 가상화폐는 기존의 기축통화가 가진 지위를 위협하며 세계 화폐의 지위를 넘보고 있습니다.

현재 지구에서 사용되는 대부분의 화폐는 국가에서 발행한 것입니다. 하지만 국가의 경계를 넘어 여러 나라에서 쓰이는 화폐도 생겨났습니다. 동시에 국가도 아니고 지역에서만 통용되는 화폐도 늘어나고 있습니다. 앞으로 화폐는 어떤 지리적 의미를 갖게 될까요?

현금이 없는 나라

성큼 다가온 미래,
엄청난 편리와
치명적 위험
그 사이

중국

11

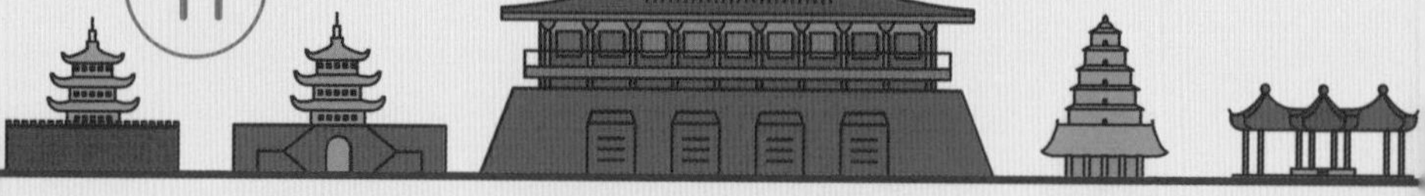

돈이란 무엇인가?

"돈이 있으면 귀신도 부릴 수 있다"는 우리나라 속담이 있습니다. 서양에도 "돈이면 다 된다Money Talks"라는 격언이 있습니다. 흔히 하는 농담처럼 '뭐니 뭐니 해도 머니가 최고'라는 뜻이죠. 누구나 돈을 갖고 싶어 합니다. 돈이 있으면 멋진 옷을 사고, 맛있는 음식을 먹고, 최신형 스마트폰도 살 수 있습니다. 돈이 있으면 무엇이든 할 수 있을 것 같습니다. 돈이 얻고자 하는 것의 대가를 지불해주기 때문입니다.

돈이 없어진다면 어떤 일이 벌어질까요? 세상이 바로 멈출 거라고 생각할 수도 있습니다. 하지만 최근 돈이 없어지고 있는 나라가 있습니다. 여기서 돈은 정말 우리가 만지고 봉투에 넣을 수 있는 돈, 바로 현금을 말합니다. 이러한 사회에서는 당연히 현금이 아닌 신용카드, 모바일 결제(○○페이) 등 다른 매개를 통해 경제 활동이 이루어집니다. 이처럼 현금 화폐 대신 전자 지급 수단이 널리 사용되는

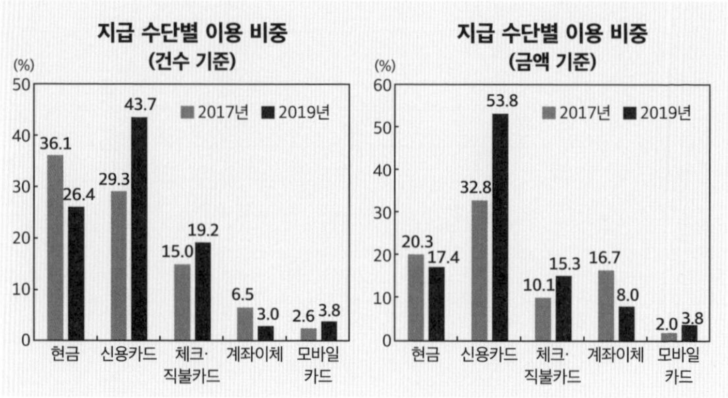

전자 지급 수단 이용 증가와 현금 이용 감소를 보여주는 그래프(한국은행)

사회를 '현금 없는 사회cashless society'라고 합니다.[13]

우리나라도 현금 없는 사회로 진입하고 있습니다. 그 예로 현금 결제 비중이 감소하고 있습니다. 한국은행이 밝힌 '2019년 지급 수단 및 모바일 금융 서비스 이용 행태'에 따르면 가장 많이 이용한 지급 수단은 신용카드였습니다. 신용카드는 2017년 29.3%에서 2019년 43.7%로 2배 가까이 상승한 반면, 현금 이용률은 같은 기간 36.1%에서 26.4%로 줄었습니다.[14] 현금 없는 사회가 바짝 다가오고 있는 것입니다.

그런데 우리나라보다 앞서 현금 없는 사회로 들어선 나라들이 있습니다.

우리의 목표는
돈을 없애는 겁니다

덴마크는 세계 최초로 현금 없는 나라를 목표로 나아가고 있습니다. 2017년 1월 1일 자로 지폐와 동전 제작을 중단하고, 현금 결제를 거부할 수 있는 상점 주인의 권리를 법적으로 인정했습니다.

덴마크 정부는 현금 수수에 따른 지하 경제를 양성화하고, 투명한 과세가 가능하다는 점에서 이 법안을 적극적으로 도입했습니다. 덴마크에서는 현금에 대한 수요가 계속해서 줄어들고, 특히 최근에는 모바일 결제 비율이 급격하게 늘고 있습니다.

현금 관리에 따른 행정적 비용과 강도 예방 차원에서의 보안 비용 절감이 예상되므로 업계에서는 정부가 발의한 법안을 대대적으로 환영하고 있습니다. 하지만 이 법안은 상점마다 현금 거래 여부를 결정할 수 있는 권리를 확보한다는 데 의의를 두고 있으며, 법안이 발효되더라도 당장 모든 상점이 현금을 거부하지는 않을 것으로 예상됩니다.

하지만 반대 움직임도 있습니다. 신용카드 없이 현금 지불을 선호하는 노년층에게 피해가 될 수 있기 때문입니다. 한편에서는 노년층을 배려하는 차원에서 현금 거래 의무제는 유지돼야 한다는 주장이 제기되기도 합니다.

노벨상 시상식이 열리는 곳으로 유명한 스웨덴은 1661년 유럽에서 가장 먼저 지폐를 발행했습니다. 그런데 지금 스웨덴은 '현금 없

현금 말고도 신용카드나 스마트폰 등을 이용한 지불이 늘어나고 있다. ©Mybloodtypeiscoffee

는 사회'에 가장 가까운 나라입니다. 스웨덴에서는 현금을 받지 않고 신용카드 같은 전자 지급 수단으로만 결제해야 하는 상점이 계속해서 늘어나고 있습니다. 스웨덴 정부는 오는 2023년 현금 없는 사회에 진입하겠다는 목표를 세운 상태입니다. 스웨덴에서는 "현금을 받지 않습니다"라는 안내판이 걸려 있는 상점이 많고, 소매상들이 고객들의 현금 결제를 거부할 수도 있습니다.

카드나 스마트폰이 현금을 대신하니 더 이상 현금을 들고 다니지 않아도 되고, 나아가 아예 그마저 챙기지 않아도 되는 경우가 생겼습니다. 스웨덴에는 마이크로칩을 자신의 손등에 심은 사람도 있습니다. 손등의 칩만 리더기에 인식시키면 모든 것을 살 수 있지요.[15]

현금 없는 사회를 위해 블록체인, 인공지능, 빅데이터 등 다양한 혁신 기술이 접목되면서 디지털 전환이 가속화되고 있습니다. 한편으로는 개인 정보 노출을 비롯한 사이버 리스크 관련 위험이 커지고 있어, 이에 대한 대책 마련과 노년층을 배려한 제도가 더욱 보완되어야 합니다. 즉, 현금 없는 사회를 위해서는 기술적 차원만이 아니라 사회 제도적 측면도 함께 고려해야 합니다. 그래서 이러한 현금 없는 사회는 기술 수준과 사회적 신뢰가 축적된 선진국에서만 가능할 것 같은데, 우리나라와 가까운 나라에서도 현금 없는 사회로 진입하기 위해 노력하고 있습니다.

현금 없는 사회로 빠르게 진입하는 중국

인류 문명의 발상지 중 하나인 중국China은 고대부터 동아시아를 대표하는 찬란한 문명을 꽃피웠습니다. 황허강 유역을 중심으로 점차 확장해, 거대한 국가를 이루었습니다. 중국에서는 일찍부터 지역별로 다양한 형태의 돈이 사용되었습니다. 칼처럼 생긴 명도전, 농기구처럼 생긴 포전 등이 대표적입니다.

진나라가 중국을 통일하면서 돈도 통일해 하나의 경제권으로 통합되었습니다. 동그란 원판 가운데 네모가 뚫린 돈의 형태는 하늘은 둥글고 땅은 네모나다는 '천원지방天圓地方'의 전통적 세계관을 반영하고 있습니다. 그래서 동아시아 문화권에 해당하는 중국의 위안元, 남한과 북한의 원, 일본의 엔円 모두 같은 뜻을 돈의 단위로 사용하고 있습니다.

문제는 중국이 너무 거대하다 보니 경제 상황을 국가가 통제하기 쉽지 않다는 점입니다. 청나라 멸망 이후 특히 혼란스러워져 국민당, 공산당, 각지의 군벌들이 각자 지폐를 찍어냈고, 일본 제국 등 다른 나라의 돈이 함께 유통되는 사태가 벌어졌습니다.

국공내전에서 승리한 뒤 중화인민공화국은 런민비로 현금을 통일했습니다. 앞면에는 모두 마오쩌둥毛澤東(1893~1976) 주석이 그려져 있고, 뒷면에는 타이산, 포탈라궁, 장강삼협 등 유명한 경관이 그려져 있습니다. 하지만 세계 2위 경제 규모를 자랑하는 중국의 현금에는 여전히 문제가 많습니다.

일단 위조지폐가 너무 많습니다. 중국 정부에서 이를 단속하기 위해 엄청 노력하고 있지만, 이미 많은 위조지폐가 유통되고 있습니다. 가장 높은 금액에 해당하는 100위안 지폐는 주고받을 때 위조지폐인지 확인하는 습관이 있을 정도이고, 위조지폐 감별기를 갖춘 상점들도 있습니다. 게다가 중국의 경제가 급격하게 성장하면서 뇌물이나 범죄자금 등 바람직하지 않은 현금 거래 규모도 엄청나게 커져, 현금으로 주고받으면 정부에서 파악할 수가 없어 적발하기도 쉽지 않습니다.

다른 선진국에서는 지폐를 중심으로 하는 현금 사회의 불편함을 극복하는 방향으로 신용카드가 널리 보급되었고, 그 후 신용카드를 대체하는 수단으로 모바일 페이가 자리 잡는 단계를 거쳤습니다. 중

모바일 결제 수단이 발달한 중국 ©N509FZ

국은 다른 선진국에 비해 신용카드와 단말기 보급률이 낮지만, 신용카드를 건너뛰고 모바일 페이를 기반으로 하는 직불 형태의 금융 서비스가 보편화되어 현금이 점점 사라지고 있습니다.

핀테크 산업이 이러한 사회 변화를 주도했습니다. 핀테크fintech 산업이란 금융financial과 정보기술technology의 합성어로, 인터넷·모바일 공간에서 결제·송금·이체, 인터넷 전문 은행, 크라우드 펀딩, 디지털 화폐 등 각종 금융 서비스를 제공하는 산업을 말합니다. 편리성과 안전성을 바탕으로 중국의 핀테크 산업은 급속도로 발전하고 있습니다. 특히 이러한 발전은 BAT(바이두, 알리바바, 텐센트)라 불리는 중국 초대형 플랫폼 기업이 이끌고 있으며, 특히 알리바바Alibaba와 텐센트Tencent는 중국인 90% 이상이 모바일 결제 수단으로 이용하는 알리페이Alipay와 위챗페이WeChat Pay를 기반으로 중국은 물론 글로벌 핀테크 산업을 주도하고 있습니다.

그래서 중국에서는 거지들도 QR코드를 걸어놓고 구걸하고, 각종 기계에 동전 투입구 대신 QR코드를 설치했습니다. 현금을 받지 않는 상점도 많습니다.

또한 중국은 일대일로一帶一路, Belt and Road Initiative 정책을 추진하면서 기축통화인 미국의 달러를 넘어서기 위해 디지털 위안화를 도입했습니다. 디지털 위안화는 중국의 중앙은행인 인민은행이 개발 중인 디지털 화폐를 말합니다. 지폐를 발행하지 않으니 제작 비용을 크게 아낄 수 있고, 위조지폐가 유통될 염려가 없으며, 블록체인 기술을 활용해 투명하게 관리할 수 있습니다.

이렇게 중국은 현금 없는 사회로 빠르게 변화하고 있습니다. 하지만 대다수 현금 없는 사회 통계 자료에서 중국의 순위는 아직 높지 않습니다. 모바일 페이에 대한 선호도가 높지만 인구가 많아 모든 중국인이 현금을 사용하지 않기까지는 상대적으로 꽤 오랜 시간이 걸릴 것으로 예상됩니다.

편리함과 위험성을 동시에 가진 양날의 검, 모바일 페이

우리나라에서도 전 국민이 쓰는 메신저 카카오톡에서 만든 카카오

페이, 네이버에서 만든 네이버페이, 서울시에서 만든 제로페이 등 전자 결제 수단의 사용이 늘고 있습니다. 지갑과 주머니에 현금을 가지고 다니지 않는 사람도 많습니다.

우리나라의 대표적인 모바일 페이

'현금 없는 사회'에도 장점과 단점이 있습니다. 가장 큰 장점은 현금보다 사용하기 편리하다는 것입니다. 개인 입장에서는 현금을 찾으러 은행에 갈 필요가 없고, 지갑에 넣어둔 현금을 분실하거나 도둑맞을 위험도 없습니다. 상점 입장에서는 물건을 얼마나 팔았는지 계산하기도 쉽고 거스름돈을 따로 준비할 필요도 없습니다. 국가 입장에서도 편리한 점이 있습니다. 뇌물과 같은 불법적인 자금 거래를 막을 수 있고, 지하 경제를 양성화해 투명한 과세가 가능합니다. 지폐나 동전을 만드는 비용도 아낄 수 있고요.

하지만 현금 이외에 다른 지불 수단을 쓰기 어려운 노년층과 저소득층은 경제 활동에 제약을 받을 수 있습니다. 빈곤층이나 중고등학생은 기초 자본과 신용이 부족해 신용카드 등을 만들 수 없습니다. 간편 결제에 이용하는 스마트폰 등 디지털 기기의 구매도 쉽지 않습니다.[16] 또 누군가 은행이나 카드 회사의 전산 시스템을 해킹해 돈을 훔쳐가면 막대한 피해가 생길 수 있습니다. 특히 지진과 같은 자연재해나 정전이 일어나 컴퓨터와 통신시설이 멈추면 모든 전자거래가

전자결제의 증가는 개인의 결제정보가
노출될 수 있다는 우려를 낳기도 한다.

한꺼번에 중단되는 심각한 위기 상황에 직면하게 됩니다.

그리고 개인의 소액 결제 내역까지 정부 및 기업의 손에 통째로 넘어가거나 해킹당할 경우 개인의 사생활이 '빅 브라더'에게 감시당할 위험이 커진다는 것입니다. 현금 없는 사회가 자칫 개개인의 돈 흐름을 감시·통제하는 방향으로 이어질 수 있다는 우려도 있습니다.

어떤가요? 지금 여러분의 지갑과 주머니에는 현금이 있나요? 우리나라 전통 시장에서는 여전히 현금 거래가 활발합니다. 여러분이 이 글을 보고 덴마크와 스웨덴, 중국을 여행할 때 현금 없이 카드만 챙겨 가면 큰일 날 수도 있습니다. 우리나라의 전통 시장처럼 덴마크와 스웨덴, 중국의 작은 도시에서는 여전히 현금만 쓰는 경우도 있으니까요.

3

인류가 만들어낸 '없는 역사'

적자가 없는 나라

경제 황금시대를 누렸었지

일본

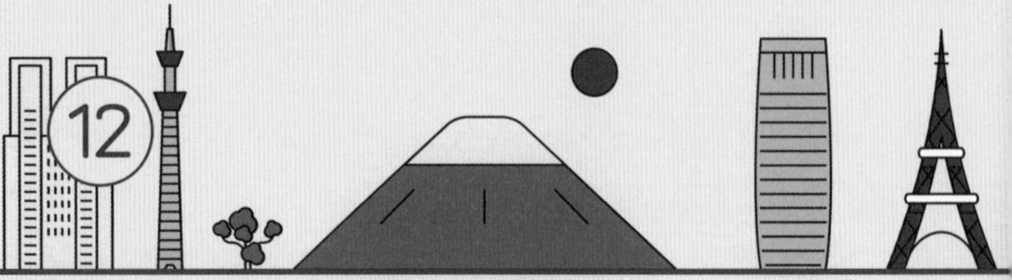

수지가 맞는다고? 누가 때렸지?

어떤 나라가 부유한 나라일까요? 밥을 많이 먹을 수 있는 나라일까요? 그렇다면 평야가 넓고 농산물이 풍부한 나라가 부유한 나라입니다. 금을 많이 가진 나라일까요? 그렇다면 장사를 많이 해서 금화를 많이 가지고 있는 나라가 부유한 나라입니다. 하지만 근대 이후 경제학에서는 일반적으로 생산에 주목합니다. 그 나라 안에서 생산되는 모든 재화와 서비스에 중심을 두고 살펴보는 것이죠.

한 나라의 국민이 생산하는 모든 재화와 서비스의 총합을 국민총생산Gross National Product, GNP이라 부르고, 한 나라의 국경 내에서 생산하는 모든 재화와 서비스의 총합을 국내총생산Gross Domestic Product, GDP이라고 부릅니다. 영국 프리미어리그에서 활약하는 손흥민 선수가 받은 수입은 우리나라 GNP에는 포함되지만, GDP에는 포함되지 않습니다. 쉽게 생각해 GNP가 사람의 국적에 중점을 둔 수치라면, GDP는 땅에 중점을 둔 수치라고 할 수 있습니다.

사실 모든 사람이 자기 나라에만 산다면 사람과 땅이 일치하니까 GDP나 GNP가 별로 차이 나지 않을 것입니다. 그럼 굳이 구분할 필요도 없지요. 하지만 우리가 접하는 여러 뉴스에서는 GNP보다 GDP가 널리 사용됩니다. 세계화가 진행되며 국경을 넘나드는 사람과 자본이 늘어나, 단순히 사람의 국적보다는 실제 그 땅에 살고 있는 사람들의 경제적 상황이 더 중요하기 때문입니다.

세상 모든 친구가 각자 개성이 다른 것처럼, 모든 나라의 상황이 다릅니다. 친구와 모둠 활동을 할 때도 각자 더 잘하는 부분으로 역할을 나누는 것처럼, 국가도 각자 더 잘하는 분야의 재화나 서비스 생산에 집중하고 서로 교역을 합니다. 이를 비교 우위라고 부르는데, 세계 여러 나라는 무역을 하면서 서로 의존하고 있습니다.

부모님께 용돈을 받으면 돈이 들어오고, 물건을 사면 돈이 나가기도 합니다. 돈이 들어오는 수입과 돈이 나가는 지출을 합쳐 수지라고 부르는데, 수지를 헤아려보면 살림살이가 어떤지 파악할 수 있습니다. 국가도 마찬가지입니다. 다른 나라와 거래하다 보면 서로 대가를 지불해야 하니 수입과 지출이 생깁니다. 다른 나라와 경제적 거래를 하면서 생긴 수지를 국제 수지라고 하는데, 국제 수지를 보면 다른 나라와 경제적으로 어떤 상황인지 알 수 있습니다.

외화가 국내로 유입되는 것을 수취라고 합니다. 우리나라 물건이 다른 나라에 수출되거나, 외국인들이 국내로 관광하러 와서 돈을 쓰거나, 외국에 차관을 도입하거나, 외국인들이 국내에 투자하는 경우가 대표적입니다. 반대로 외화가 다른 나라로 유출되는 경우는 지불이라고 합니다. 외국 물건이 수입되거나, 사람들이 외국에 가서 돈을 쓰거나, 외국에 차관을 제공하거나, 국민이 다른 나라에 투자하는 경우가 대표적입니다.

국제 수지는 경상 수지와 자본 수지로 구분합니다. 경상 수지는 상품 수지, 서비스 수지, 소득 수지, 경상이전 수지로 구성되어 있습니다. 경상 수지는 실제로 재화나 서비스를 주고받은 거래를 나타낸 것이고, 자본 수지는 증권 매매 등 자본의 이동을 나타낸 것입니다. 일반적으로는 국제 수지 전체에서 상품의 수출 및 수입이 가장 큰 부분이기 때문에 상품 수지를 가장 주목해서 살펴보는 경우가 많습니다.

기러기가 날아가는 것 같아

중국과 일본Japan은 우리의 이웃 나라입니다. 동북아시아 나라들은 오랜 기간 상호 작용하며 살아왔습니다. 전쟁도 많았고, 서로 문물을 교류한 기간도 길었습니다. 그래서 동북아시아 국가들 사이에는 비슷한 점도 많습니다. 하지만 19세기부터 유럽과 미국을 중심으로 한 열강의 간섭이 시작되었고, 일본이 메이지 유신을 통해 가장 먼저 국가 체제를 통째로 바꾸었습니다.

조선을 식민 지배하며 열강으로 성장한 일본은 태평양 전쟁을 일으키며 세계를 상대로 전쟁을 벌였으나 전쟁에 패배하면서 무조건 항복하고, 연합국 최고사령부의 지배를 받았습니다. 미국의 군정 체제 밑에서 다시는 군사력을 가지지 못하도록 개혁하면서, 재벌을 해체하고 농지개혁을 진행했습니다.

하지만 미국과 소련이 대립하는 냉전 상황에서 일본은 다시 화려하게 부활해, 1950년대 노동 집약적 경공업을 중심으로 산업을 일으키기 시작했습니다. 축적된 기술력을 기반으로 만들어진 막강한 제조업 상품들은 세계 각지로 수출되며 세계 1위 경제 성장률을 보였습니다. 그 덕분에 1964년 아시아 최초로 도쿄에서 올림픽을 개최하고, 신칸센新幹線이라는 세계 최초 고속철도를 건설했습니다. 이로써 일본은 세계적 경제 규모를 가진 국가로 거듭났습니다. 일본의 경제 규모가 남아메리카 대륙 전체와 비슷하다니 놀라울 따름입니다.[17]

일본의 경제가 화려하게 성장한 배경에는 가공 무역이라는 무역 구조가 있습니다. 일본의 지리적 조건을 살펴보면 이해하기 쉽습니다. 일본은 국토 대부분이 산지라서, 대규모 경작이 가능한 하천과 평야가 부족합니다. 하지만 무덥고 습한 여름 계절풍 기후와 결합한 벼농사 덕분에 세계 다른 지역들에 비해 인구 밀도가 엄청나게 높습니다. 매장된 지하자원 종류는 다양하지만 양이 풍부하지 않아 산업 발달에는 충분하지 않습니다.

그래서 일본이 선택한 전략이 바로 가공 무역입니다. 해외에서 원료를 수입해 노동력과 기술을 이용해 제품을 생산한 뒤 다시 수출해 이익을 얻는 방법입니다. 그러다 보니 대량 화물을 옮길 수 있는 선박이 드나들기 편하고 원료 수입과 제품 수출에 유리한 바닷가를 중심으로 산업이 성장했습니다. 그래서 일본의 공업 지역은 태평양 연안 바닷가에 위치하는데, 이를 '태평양 벨트'라고 부릅니다. 그중에서도 오사카 일대 '한신 공업 지역'이나 나고야 일대 '주쿄 공업 지역' 등은 특히 공업 생산이 많은 핵심 지역으로 꼽힙니다. 산업이 발달한 곳에 일자리가 많다 보니 도시도 발달했습니다. 그래서 오사카에서 나고야를 거쳐 도쿄에 이르는 지역에 세계적 규모의 대도시들이 연결되어 있는데, 혼슈의 이 지역을 도카이도 메갈로폴리스라고 부릅니다.

1964년 도쿄 올림픽은 일본이 세계적 경제 강국임을 보여주었다.

근면성실하고 풍부한 일본의 노동력을 기반으로 만들어진 일본 상품은 완성도가 높아 전 세계에서 널리 인기를 얻었습니다. 그 덕분에 일본은 세계 대부분 국가를 상대로 상품 수지에서 막대한 흑자를 오래도록 유지했습니다. 무역 상대 국가들이 오랫동안 적자를 보면서 무역 마찰이 발생할 정도였습니다.

야간에 인공위성이 촬영한 일본의 모습. 태평양 벨트를 따라 대도시권이 형성되었다. ©NASA

경제가 성장하면서 임금 수준도 올라갔습니다. 일본은 부가가치가 높은 핵심 분야만 국내에 유지하고, 부가가치가 낮은 분야는 다른 나라로 이전하는 방식으로 주변 나라에 투자를 거듭했습니다.

일본 경제와 기술의 상징이던 소니의 휴대용 카세트 '워크맨'
©Binarysequence

일본의 이런 경제 성장 방향은 동아시아 주변 국가들이 제조업 중심 국가로 변화하는 데 영향을 끼쳤습니다. 일본에 뒤이어 한국, 타이완, 홍콩, 싱가포르가 화려하게 성장하며 아시아의 네 마리 용으로 꼽혔고, 그 뒤 중국이 세계의 공장으로 거듭나 세계에서 두 번째로 거대한 경제 규모를 자랑하게 되었습니다. 이제는 동남아시아 여러 나라에서 제조업이 발달하고 있습니다.

이렇게 동아시아 여러 나라 경제가 성장하는 모습을 일본에서는 기러기가 V자로 날아가는 것에 비유해 '안행형 모델雁行型, Flying Geese Model'이라고 부릅니다. 일본이 선두에서 날아가고, 주변 나라들이 이어서 함께 날아간다는 뜻입니다.

돈을 잘 버는 일본

제2차 세계 대전 이후 일본은 지속적인 경제 성장을 통해 세계적인 경제 대국으로 우뚝 섰습니다. 일본 상품들이 세계 시장에서 날개 돋친 듯 팔려나가고, 일본 기업들은 수출로 막대한 수익을 거두었습니다. 기업들은 일자리를 늘려갔고, 안정된 일자리를 통해 많은 사람이 중산층으로 성장했습니다. 전체 인구 대부분이 중산층이라는 의미에서 일본을 1억 중산층 사회로 부르기도 했습니다.

일본 국내에서도 임금 수준이 높아지면서 국민의 생활 수준이 향상되었습니다. 해외여행이 늘어났고, 세계 미술품 시장에서도 일본인들이 큰손으로 자리 잡았습니다. 비교적 가격이 저렴하면서도 품질이 우수하고 연비가 좋은 일본 자동차가 미국 시장에서 잘 팔리면서, 미국 자동차 기업들에 타격을 주었습니다. 일본 기업들이 미국 도시의 부동산을 매입하기도 했습니다. 미국에서 일본에 대한 여론이 너무 나빠져, 아시아인에 대한 인종 차별로 인해 중국인이 무차별 폭력에 희생되기도 했습니다.

미국 내에서 강력한 보호 무역에 대한 여론이 일어나, 일본 제조업 상품을 수출만 할 게 아니라 일본 농산물 시장을 개방하라는 압력도 생겨났습니다. 수출 기업들을 위해 일본 엔화의 가치를 낮게 평가해왔는데, 1985년 플라자 합의Plaza Accord로 엔화 가치도 상승했습니다.

관세 장벽 등 미국과의 무역 마찰을 피하기 위해 미국에 생산 시설을 세우기도 하고, 미국과 북아메리카 자유 무역 협정NAFTA*이

* 북아메리카 자유 무역 협정은 세 국가 간의 재협상을 통해 2020년에 미국·멕시

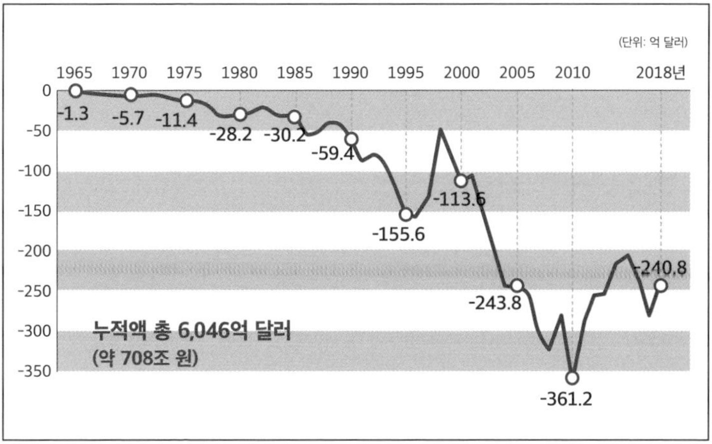

우리나라의 대일본 무역수지 추이

맺어진 멕시코에 투자를 확대하기도 했습니다. 1980년대 일본 경제는 사상 최대 황금기를 누렸으며, 이때를 '버블 시기'라고 부릅니다. 이후 버블이 꺼지면서 오랜 기간 경제 성장이 둔화되긴 했지만, 핵심 소재나 부품을 공급하는 일본 회사들은 여전히 강력한 경쟁력을 지니고 있습니다.

일본과 이웃한 우리나라도 경제 성장 과정에서 제조업과 가공 무역을 중심으로 산업 구조가 형성되어, 일본 기업이 생산한 소재, 부품, 장비를 이용해 제품을 만들어 수출하는 경우가 많았습니다. 그래서 한국은 일본과 무역 통계가 작성된 1965년 이후 2021년까지 단

코·캐나다 협정USMCA으로 개정되어 발효되었다.

한 번도 일본을 상대로 흑자를 기록한 적이 없습니다.

일본은 어떻게 위기를 극복할 것인가

하지만 일본의 상황도 예전 같지 않습니다. 버블 시기에 형성된 부동산 가격이 폭락하면서 오랜 기간 경기 침체가 이어졌으며, 이 시기를 일본에서는 '잃어버린 10년'이라고 부릅니다. 이미 일본은 고령화가 세계 최고 수준이다 보니, 생산 연령층이 부족해 예전처럼 노동력에 의존하기 어렵습니다. 미국에 이어 세계에서 두 번째로 큰 경제 규모를 자랑하던 시절도 끝나, 이제는 그 자리를 중국이 차지하게 되었습니다. 경제 성장률이 매우 낮아 한국과의 1인당 GDP 격차도 점차 줄어드는 상황입니다. 심지어 2012년부터 31년 만에 일본의 무역 수지가 적자를 보였습니다. 일본 국민이 사용하는 원료 대부분을 반드시 수입해야 하는데, 일본 기업들의 수출이 신통치 않아서 발생한 결과입니다. 흑자가 너무 많아 국제 관계에 문제가 생기던 때와 비교하면 정말 놀라운 변화입니다.

하지만 일본은 여전히 세계 3위 경제 대국입니다. 무역 수지는 적자로 바뀌었지만, 여전히 경상 수지는 흑자를 보이고 있습니다. 일본이 그동안 축적한 막대한 자본을 세계 여러 나라에 투자했기 때문에, 투자 이익으로 일본에 오는 소득 수지가 무역 수지의 적자를 만회할

만큼 막대한 흑자를 보이고 있습니다.

우리나라는 1997년에 외환 보유고가 부족해 외환 위기를 겪고 결국 IMF에 구제 금융을 요청하기까지 했지만 일본은 외환 보유고가 세계적 규모이며, 현재도 중국 다음으로 세계에서 가장 많은 외환을 보유하고 있습니다. 국가적으로 경제적 혼란이 일어나기 힘든 튼튼한 구조라는 뜻입니다.

위기는 위험과 기회를 동시에 안고 있습니다. 일본 경제가 황금기를 지나 변화의 위기를 겪고 있는데, 일본은 이 위기를 어떻게 극복할까요? 어쩌면 일본의 경험이 우리에게 소중한 자료가 될지도 모릅니다.

전쟁이 없는 나라

전쟁을 일으키지도,
전쟁에 휘말리지도
않으려면?

스웨덴

13

한반도는 전쟁 중?

전쟁을 상상해본 적 있나요? 수많은 군인, 무시무시한 무기, 죽거나 다치는 사람들, 상상만 해도 참으로 무섭습니다. 우리가 이기든 지든 간에, 그 과정에서 많은 사람이 목숨을 잃거나 다치는 끔찍한 상황이 펼쳐질 것입니다. 공식적으로 한반도는 전쟁이 끝나지 않은 상황이고, 국지적 충돌이 끊이지 않았습니다. 다행히도 지금 당장 전쟁이 전면적으로 확대될 거라고 걱정하지는 않습니다. 물론 외국 사람들은 불과 70여 년 전 6·25 전쟁에서 휴전한 이후 지금까지 분단된 나라라는 점에 주목하면서, 뉴스로 북한 핵실험이나 미사일 발사 이야기를 접하며 당장 한반도의 전면전을 걱정하기도 합니다. 하지만 우리 국민은 외국에서 걱정하는 것만큼 일상생활에서 전쟁의 공포를 느끼지는 않는 것 같습니다. 그래도 아직 종전이 이루어지지 않은 이상, 전쟁이 완전히 없는 평화로운 나라라고 말하기는 쉽지 않습니다.

전쟁하기 싫다!

그렇다면 세계적으로 봤을 때, 전쟁이 정말 없는 나라가 있을까요? 친구들과 늘 사이좋게 지내고 싶지만 가끔 다툼이 발생하는 것처럼, 나라들 사이에도 무력 충돌이 발생하는 경우가 종종 있습니다. 어떤 나라도 침략하지 않는 나라가 있다면, 폭력을 줄이고 세계 평화를 지키는 좋은 나라일 것 같습니다. 그리고 어떤 나라의 침략도 당하지 않았다면, 국민들은 전쟁에 대한 두려움 없이 평화롭게 살아왔을 것입니다. 이런 나라를 '중립국中立國, neutral country'이라고 합니다.

중립국이란 나라 간 전쟁에 관여하지 않고 중간 입장을 취하는 나라를 의미합니다. 즉, 세계 여러 나라가 서로 편을 나누고 경쟁을 펼치는 와중에, 어느 쪽도 편들지 않는 나라입니다. 중립국의 의지를 밝히는 중립국 선언은 보통 강대국들 사이에 끼여 어느 강대국 편에도 서고 싶지 않은 약소국에서 이루어지는 경우가 많습니다. 우리나라에서도 19세기 말 유길준(1856~1914)이 조선을 중립화하자는 의견을 제기한 적이 있습니다. 하지만 약소국의 이러한 움직임은 그리 오래가지 못하고, 결국 주변 강대국의 힘에 굴복해버리기도 합니다. 다른 나라를 침략하지 않는 것은 내부적 노력만으로 가능하지만, 다른 나라의 침략을 받지 않는 것은 내부적으로 어찌 할 수 있는 문제가 아닙니다. 또 국제 정세가 바뀌거나 지도자의 성향이 바뀌면서, 중립국이었다가 전쟁에 참여하는 경우도 생기고요. 중립국 입장을 유지하는 것도 쉽지 않습니다.

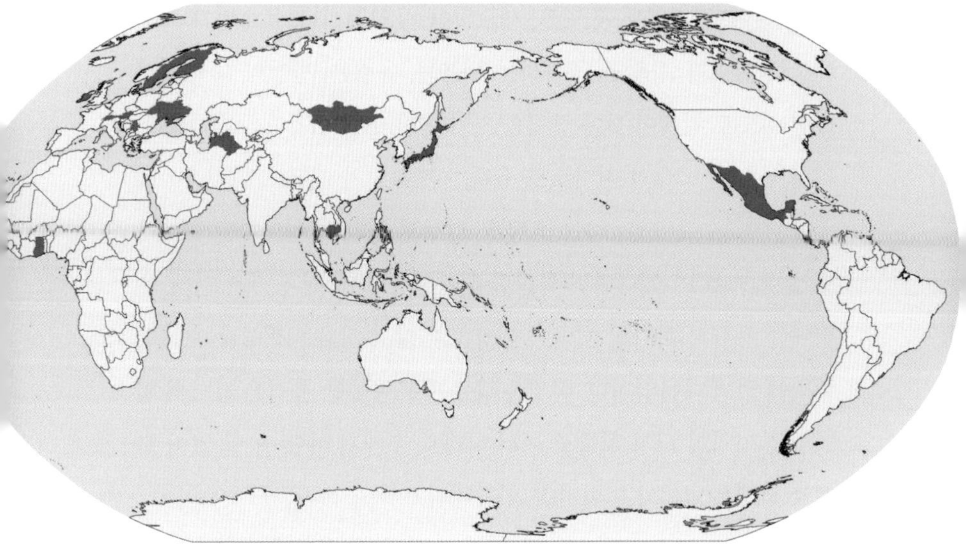

세계의 중립국을 나타낸 지도[18]

중립국의 의미는 이처럼 생각보다 복잡합니다. 2021년 기준 중립국으로 분류할 수 있는 나라는 위 지도와 같습니다. 물론 이 가운데 일부 나라는 중립국 여부에 대해 논란의 여지가 있습니다. 하지만 자신들을 중립국으로 표방하거나 오랜 기간 중립 상태를 계속 유지하는 나라를 포괄적으로 포함시켰습니다. 아시아에서는 일본, 몽골, 투르크메니스탄, 캄보디아가 여기에 해당합니다. 그리고 아메리카에서는 멕시코와 코스타리카가, 아프리카에서는 가나가 중립국입니다.

특히 유럽에는 중립국이 여러 나라 있습니다. 스위스, 오스트리아, 아일랜드, 스웨덴, 핀란드, 세르비아, 우크라이나, 몰도바가 여기에 해당합니다. 유럽을 주목하는 이유는, 유럽은 '전쟁의 대륙'으로 불릴 정도로 전쟁이 잦아 중립을 지키며 버티는 게 쉽지 않기 때문입니다. 《총, 균, 쇠》의 저자로도 유명한 지리학자 재레드 다이아몬드 Jared M. Diamond(1937~)는 유럽을 '만성적 분열'이 일어나는 곳이라고 말했습니다.[19] 왜냐하면 복잡한 해안선과 산맥, 섬 등으로 인해, 유럽에는 통합된 하나의 제국이 등장하지 않고 작은 나라들로 쪼개질 수밖에 없기 때문입니다. 이것을 다르게 표현하면, 유럽은 하나의 평화로운 지역이 되기 힘들고 여러 나라로 쪼개져 바람 잘 날 없이 수시로 전쟁을 벌인다고 할 수도 있습니다.

학교에서 유럽의 역사를 배울 때, 공부해야 할 전쟁이 너무 많아 시기나 나라 등을 정리하며 혀를 내두른 게 한두 번이 아니었을 것입니다. 전근대는 물론 현대에도 제1·2차 세계 대전의 주요 전장戰場이 바로 유럽이었습니다. 이처럼 '전쟁의 대륙' 유럽에서는 중립국을 표방한다고 해도 다른 강대국의 침략으로 평화 유지가 수포로 돌아가는 경우가 많았습니다.

중립국은 그냥 얻어지는 게 아니다

전쟁이 없는 나라란 다른 나라를 침략하지도, 침략을 받지도 않은 나라입니다. 그럼 유럽의 중립국 중에 수시로 일어나는 전쟁 참화에서

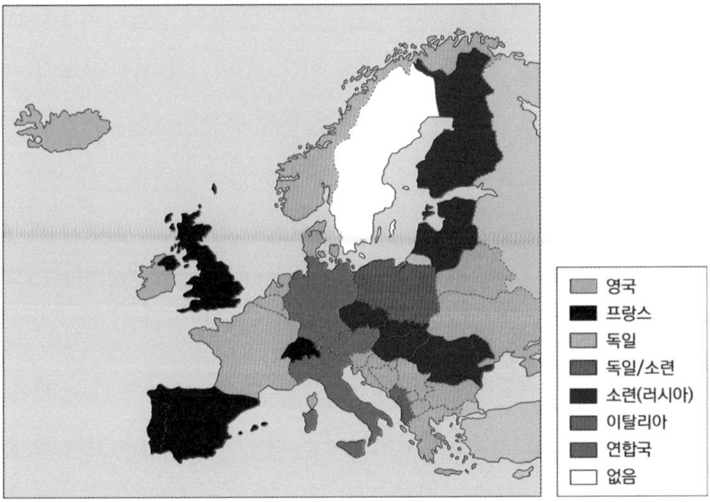

유럽에서, 자국을 가장 최근에 침략한 타국을 표시한 지도

다른 나라의 침략을 '운 좋게' 피해간, 정말 '전쟁이 없는 나라'가 있을까요? 위 지도를 볼까요. 이 지도의 제목은 '유럽에서, 자국을 가장 최근에 침략한 타국을 표시한 지도'입니다. 즉, 해당 나라에 표시된 색깔이 의미하는 나라는, 해당 나라를 가장 최근에 침략 및 정복한 외부 세력이라는 의미입니다. 프랑스의 경우 독일이라고 표시되어 있으며, 제2차 세계 대전 때 나치 독일이 프랑스를 점령한 것을 의미합니다. 이 외에도 독일은 유럽 전역에서 보이는데, 이는 나치 독일이 유럽 전역에 영향력을 확장했던 것을 의미합니다. 또 동유럽 나라들에서 소련이 많이 보입니다. 폴란드에는 소련과 독일이 함께 있는데, 두 나라가 폴란드를 동시에 침략했다는 것을 알 수 있습니다. 영

국의 경우 제1·2차 세계 대전 때는 점령되지 않았지만, 과거 14~15세기 백년 전쟁 때 프랑스의 침략을 받은 적이 있습니다. 이처럼 이 지도에서는 얽히고설킨 전쟁의 기록을 한눈에 볼 수 있습니다.

그럼 우리가 관심 있는 중립국을 찾아볼까요? 스위스는 대외적으로 중립국을 표방했지만 프랑스 나폴레옹의 침공으로 전쟁을 피해 가지 못했고, 오스트리아는 제2차 세계 대전 때 추축국의 일원이었다가 패전 이후 연합국 군정기를 거쳤습니다. 아일랜드는 몇백 년 동안 영국(잉글랜드)의 지배를 받았고, 핀란드는 제2차 세계 대전 때 소련의 침공을 받았습니다. 세르비아, 우크라이나는 나치 독일의 지배, 몰도바는 소련의 지배를 받았고요. 그럼 한 나라가 남습니다. 바로 지도에서 하얗게 표시된 스웨덴Sweden입니다. 스웨덴은 프랑스 나폴레옹의 침공, 제1·2차 세계 대전의 화마火魔, 공산주의 소련의 팽창 등에서 모두 '운 좋게' 침략을 받지 않고, 중립국 선언을 계속 유지해왔습니다.

그렇다면 스웨덴은 정말 전쟁과 상관없이 평화롭게 살아왔을까요? 사실 스웨덴도 처음부터 중립국을 선언한 것은 아닙니다. 스웨덴은 17~18세기에 북유럽 발트해 연안의 넓은 영토를 지배하며 강력한 제국으로 위세를 떨쳤습니다. 특히 '북방의 사자'로 불리던 구스타브 2세Gustav II 국왕 시절(재위 1611~1632)이 제국의 시작이었습니다. 구스타브 2세는 재위 기간에 스웨덴의 군사력 강화를 위해 여러 가지 노력을 기울였습니다. 과학 기술을 발전시키고 이를 전쟁에 활용했으며, 특히 30년 전쟁(1618~1648) 때 스웨덴 군대는 유럽 전역을 누비면서 활약했습니다.[20] 17세기 스웨덴 제국 전성기에는 영토가 지금의 핀란드 전역은 물론, 에스토니아, 독일의 발트해 연안까지 매우 넓었습니다. 하지만 동쪽에서 떠오른 강자 러시아 때문에 전성기는 그리 오래가지 못하고 18세기 초 러시아와 이른바 '대북방 전쟁'으로 불리는 패권 경쟁을 수차례 벌였습니다. 그 결과, 점점 강해지는 러시아의 세력에 눌려 스웨덴은 지역 패권 국가의 지위를 상실했습니다.

19세기 초 전 유럽을 휩쓴 나폴레옹 전쟁에 가담했다 패전국이 되어, 러시아에 핀란드를 빼앗겼습니다. 결국 나폴레옹 전쟁 이후 외교적 중립 노선을 천명한 뒤, 지금까지 타국과의 전쟁에 관여하지 않는 중립국으로 남아 있습니다. 공식적으로 1815년부터 현재까지 오랜 기간 중립 노선을 지킨, 세계적으로 드문 나라입니다.[21] 주변 나라에 영향력을 행사하고 이곳저곳 기웃거리기보다, 자신들의 영토와 국민, 자원 등을 최대한 지키면서 어떤 나라의 편도 어설프게 들지 않겠다는 전략이죠.

이를 위해서는 다른 나라의 영토와 자원에 욕심을 내지 않는 것은 물론, 다른 나라가 침략할 생각이 들지 않을 정도로 강력한 군사력을 갖추고 있어야 합니다. 이웃 강대국도 전쟁하기 두려울 정도가 되어야 최악의 순간에도 안전을 보장받을 수 있기 때문입니다. 특히 스웨덴은 20세기 초 세계 대전을 거치며 국가적으로 국방비를 증액해 자주 국방을 위해 노력해왔고, 사브SAAB와 같은 민간 방위산업체가 발달하기도 했습니다. 특히 스웨덴의 그리펜 전투기는 위급 상황 시 고

스웨덴 스톡홀름의 구스타브 2세 동상

속도로에서도 이륙할 수 있을 정도로 전쟁 대응 능력이 뛰어납니다. 타국을 침략하지 않더라도, 타국의 침략을 받지 않도록 국방력 강화에 소홀하지 않았던 것입니다.

그리고 외교 측면에서 균형적 전략이 필요합니다. 러시아, 독일, 영국 등 주변 강대국 어느 쪽과도 강한 동맹을 맺지 않고, 그렇다고 완전히 분리되는 것도 아닌 적절한 관계를 유지하는 것입니다. 그런데 이웃 강대국에 대한 균형 외교가 항상 잘되지는 않았습니다.

특히 제2차 세계 대전 시기에 전 유럽이 전쟁터가 되었을 때, 스웨덴의 중립 노선은 인접국과의 관계와 관련해 시험에 들었습니다. 소련이 바로 인접한 우방국 핀란드를 침공하고, 독일은 덴마크와 노르웨이를 점령했습니다. 강대국의 점령을 받자, 과거 가까운 우방이었던 인접국들이 도움을 요청했으나 스웨덴은 이때도 중립 노선을 바꾸지 않고 고수했습니다. 스웨덴과 과거 한 나라였던 핀란드와 노르웨이는 특히 배신감이 컸지요. 소련과 독일의 침공을 받아 어려운 시기에, 게다가 다음 침략 대상이 될지도 모르는 상황에서 북유럽 나라들이 단결해서 대응하지 않고 혼자 고고하게 중립을 지키는 스웨덴을 원망했습니다. 하지만 스웨덴으로서는 전쟁에 휘말리고 싶지 않아, 과거부터 이어온 노선을 유지한 것입니다.

어쨌든 북유럽 국가들은 겉으로는 잘 지내는 것 같지만, 제2차 세계 대전 얘기가 나오면 지금까지도 서로 국민감정이 좋지 않은 경우가 종종 있다고 합니다.

전쟁 없는 나라를 만들기 위해…

스웨덴은 제2차 세계 대전 때 겉으로만 중립국인 척하고 사실상 독일 편에서 전쟁을 지원했다는 비난을 받기도 했습니다. 스웨덴에서는 철광석이 많이 생산되고, 특히 북부의 키루나는 대표적인 철광 생산지입니다. 전쟁 중 이곳에서 생산된 철광석 대부분이 독일로 수출되었고, 독일은 그 철로 총알, 탱크, 전함 등을 만들어 전쟁을 지속했습니다. 또한 스웨덴은 독일과 무역을 많이 해왔고, 독일의 경제 봉쇄를 피하기 위해 독일군의 자국 영토 통과를 허용하기도 했습니다. 그래서 연합국 입장에서는 당시 스웨덴의 중립이 '효력 없는' 중립이라고 비판하기도 했습니다. 제2차 세계 대전 동안 스웨덴은 연합국과 추축국 중 어느 한편에 속해 직접 전쟁을 벌인 것은 아니니, 공식적인 외교 노선은 중립입니다. 그런데 스웨덴이 정말 중립을 지켰다고 볼 수 있을까요?

스웨덴은 지난 2세기 동안 유럽의 크고 작은 전쟁 중에도 중립국의 지위를 지키며 다른 나라의 침략을 받지 않고 국가를 스스로 지켜낸, 세계적으로 보기 드문 나라입니다. 하지만 스웨덴의 중립 정책은 고정된 것이 아니라 시대와 지역적 맥락에 따라 유연하게 대응해온 결과입니다. 이러한 맥락을 제거한 상태에서 스웨덴의 중립 정책을 평가하는 것은 무리가 있을 수 있습니다. 친구도 적도 만들지 않겠다는 중립 전략이, 상호 의존성이 높아지는 세계 관계 속에서 과연 의미가 있는지 의문도 생깁니다.

스웨덴 키루나의 철광산

강대국에 둘러싸인 우리나라도 조선 말부터 이미 중립국이 되어야 한다는 주장이 있었고, 지금도 미국과 중국의 패권 경쟁이 격화되며 강대국 사이에서 균형 외교나 동북아시아의 중재자 역할 등이 강조되고 있습니다. 전쟁이 없는 한반도를 만들기 위한 외교 전략은 하나의 정답이 있는 문제가 아닙니다. 스웨덴이 중립국이었다는 점만 알고 그대로 우리 상황에 대입할 것이 아니라, 세계 여러 나라의 사례를 면밀히 살펴보고 우리에게 도움이 되는 부분이 있는지 깊이 분석하는 것이 중요합니다. 세상을 보는 방법은 반드시 둘 중 하나만 선택해야 하는 이분법이 아니기 때문입니다.

식민 지배를 받은 역사가 없는 나라

지정학적 위기를 절묘한 외교 전략으로 극복하다

타이

14

식민 지배의 슬픈 역사

우리나라는 1910년부터 1945년까지 일본의 식민 지배를 받은 일제 강점기를 겪었습니다. 이는 우리 민족에게 가슴 아픈 역사입니다. 아프리카 지도를 보면 여러 나라의 국경선이 일직선으로 반듯하게 그어져 있고, 여러 민족 간 경계를 가로질러 국경이 놓여 있습니다. 이것 역시 슬픈 식민 지배 역사와 관련 있습니다. 유럽 열강에 의해 아프리카 대륙이 '갈기갈기 찢어져' 식민 지배를 받았던 것이 지금까지 국경선으로 남아 있는 것입니다. 에티오피아 같은 나라를 제외하면, 대부분 아프리카 나라는 유럽의 식민 지배를 겪었습니다.

식민 지배는 왜 일어날까요? 식민지 개척자들은 전근대적이고 비문명적인 지역을 발전시켜줘야 한다는 '사명감'을 주장하기도 했지만, 더 실질적이고 중요한 이유는 정치적 지배를 통한 자원과 노동력 수탈, 과잉 인구 정착을 통한 정치적 영역 확장, 새로운 기업과

아프리카의 국가 경계와 민족(종족) 경계[22]

자본의 투자처 확보 등입니다. 이러한 과정에서 식민 지배를 받는 나라는 정치권력의 지배뿐 아니라 경제적 착취와 사회·문화적 종속에 시달려, 식민 지배가 끝나고도 이런 경향이 이어지는 경우가 있습니다.

어디 어디가 식민 지배를 받았나?

한편 식민 지배는 세계 여러 지역에서 나타난 보편적인 현상이었습니다. 근대 유럽에서 국민국가와 계몽주의, 자본주의 경제 체제가 발달하면서, 여러 나라에서 경쟁적으로 아시아, 아프리카, 아메리카, 오세아니아 등 전 세계 여러 나라를 식민지로 만들기 시작했습니다(다만 우리나라는 예외적으로 비유럽인 일본의 식민 지배를 받았습니다). 특히 제국주의가 절정에 이른 19~20세기 초에는 전 세계에서 유럽 열강의 식민 지배를 받지 않은 곳을 찾기 힘들 정도였습니다.

다음 쪽 지도에는 이러한 점이 잘 드러나 있습니다. 지도에서 빨간색은 1922년 기준으로 유럽의 지배에 놓인 지역, 즉 유럽 나라와 유럽 식민지를 표시한 것입니다. 지도에서 엄청나게 넓은 면적을 차지합니다. 그리고 주황색은 유럽 정착자들이 건국한 나라로, 아메리카 대륙 대부분 나라가 해당합니다.

한편 파란색은 제국주의가 절정에 이른 시대에 유럽의 식민 지배 물결에서 예외적이었던 나라입니다. 여기에는 여러 유형이 있습니다. 첫째, 앞서 언급한 것처럼 비유럽인 일본, 그리고 일본의 식민 지배를 받은 우리나라와 대만 등입니다. 둘째, 파란색 표시가 되어 있는 아프리카 동부의 에티오피아는 유럽(이탈리아)의 군사적 침략을 패퇴시켜, 유럽의 식민 지배를 받지 않았습니다. 셋째, 중국, 이란(페르시아), 터키(오스만 제국) 등 과거 강한 제국이었던 유럽으로부터 자

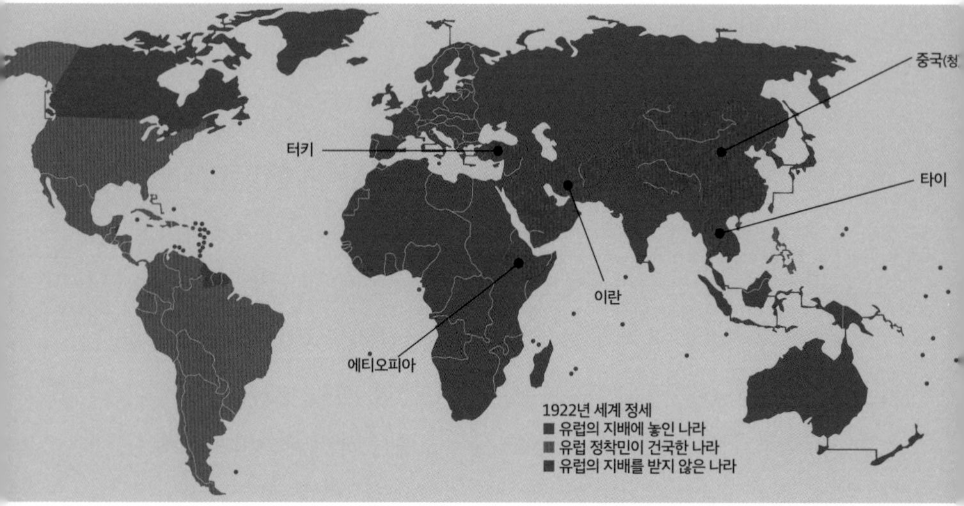

유럽이 지배하는 세계

신들의 영토와 자원의 많은 부분을 이미 빼앗긴 나라입니다. 식민 지배를 직접 받지 않았을 뿐, 실질적으로는 유럽에 의해 힘이 약해진 '종이호랑이' 신세였습니다. 넷째, 유럽의 식민 지배를 받을 뻔했으나, 식민 지배를 받지 않은 나라입니다. 타이Thailand(태국)가 이 유형에 해당합니다.

타이의 지정학적 위기

타이의 국토 면적은 약 50만㎢로 남한의 5배가 넘고, 인구는 약

6,600만 명입니다. 국토 대부분이 저위도에 위치한 열대 기후 지역입니다. 타이 서쪽으로는 미얀마(버마), 북동쪽으로는 라오스, 남동쪽으로는 캄보디아, 남쪽으로는 말레이시아가 있습니다. 지도에서 타이를 보면 영토가 코끼리의 머리 모양을 하고 있습니다. 남서쪽으로 길쭉하게 뻗어 있는 부분은 코끼리의 코이고, 동쪽으로 둥그렇게 나와 있는 부분은 코끼리의 귀와 닮았습니다. 실제로 타이에는 코끼리가 살며, 코끼리를 타고 열대 우림 곳곳을 돌아다니는 관광 상품도 있습니다.

타이는 불교의 나라입니다. 불교가 국교로 지정되어 있고, 국왕은 불교 수호자이기도 합니다. 대부분 남성은 만 20세가 되면 일정 기간 삭발을 하고 사원에서 수도 생활을 하며 승려가 되어야 합니다. 불교는 타이 외에도 1,000여 년 전부터 동남아시아 내륙 여러 지역에 널리 전파된 종교입니다. 타이에서는 특히 1783년 짜끄리 장군에 의해 만들어진 짜끄리 왕조 이후, 불교가 나라와 떼려야 뗄 수 없는 관계가 되었습니다. 불교 교단이 국가적으로 개혁되고 관리를 받았으며, 동시에 수도 방콕에 '왓 프라깨우'라는 사원을 건축하면서 국가적으로 불교 융성 정책을 펼쳤습니다. 짜끄리 왕조 통치 시절 타이의 국명은 '시암'이었는데, 1932년에 '타이'로 변경해 현재까지 같은 왕조가 통치하고 있습니다. 수도 방콕Bangkok은 이때부터 현재까지 타이의 최대 도시로서 발달한 모습을 보이고 있습니다.

유럽 열강은 '지리상의 발견 시대' 이후 동남아시아로 진출했는데, 이때 가장 큰 동기는 향신료를 구하기 위해서였습니다. 19세기

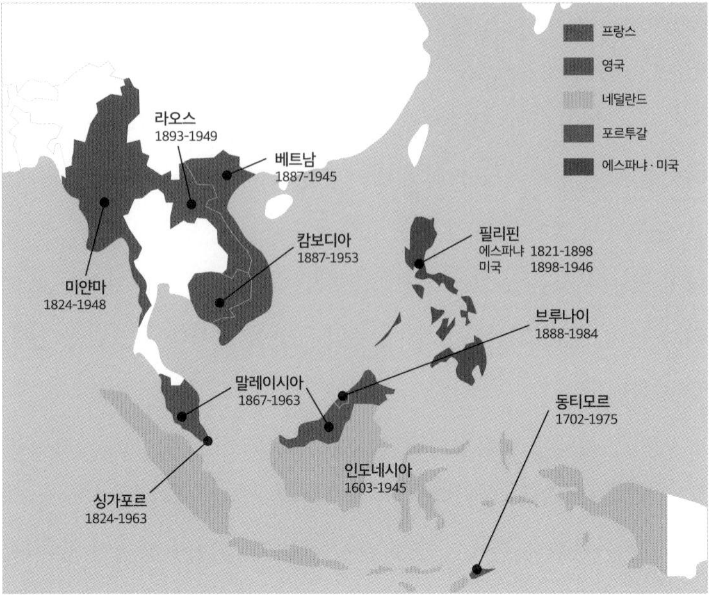

동남아시아 식민 지배의 역사

후반에 이르러 타이를 제외한 동남아시아 대부분의 나라가 유럽 열강의 식민지가 되었습니다. 유럽 열강들은 동남아시아 열대 기후 지역의 특성을 이용한 플랜테이션 농장 경영, 광물 자원을 얻기 위한 광산 경영, 무역로 확보를 통한 이익 증대 등을 추구했습니다. 이 과정에서 동남아시아 나라들의 자원과 노동력을 착취했습니다.

영국은 미얀마와 말레이시아 땅을, 프랑스는 베트남과 라오스, 캄보디아 땅을, 네덜란드는 인도네시아 땅을, 에스파냐(1898년 이후 미국)는 필리핀을 식민지로 삼았습니다. 동남아시아 내륙 지역에서 영국과 프랑스의 다음 식민 지배 대상은 타이가 될 것이 '불 보듯 뻔'했습니다. 두 나라가 동시에 식민 지배를 위해 침략해온다면, 타이는 전쟁터가 되거나 두 쪽으로 쪼개질 위기에 처했습니다.

쭐랄롱꼰의 성공적인 근대화

타이의 지정학적 위기 상황에서 왕위에 오른 왕 가운데 라마 5세Rama V, 즉 쭐랄롱꼰Culalongkorn왕(재위 1868~1910)은 '타이 역사상 가장 위대한 왕'으로 일컬어집니다. 이 시기에 타이는 다음과 같은 노력을 기울여 식민 지배를 받지 않았습니다.

첫째, 대내적인 근대화 실시입니다. 이는 노예 해방, 부역 폐지 등 근대적인 개혁, 그리고 부국강병을 위해 서양 문물을 적극 수용하는 것을 포함합니다. 라마 5세는 국내적으로는 철도 부설, 증기선 도입, 도로와 운하 건설, 노예 제도 및 신분제 폐지, 교육기관 창설 등 근대 개혁을 주도해 국력을 키워나갔습니다.[23]

타이가 대내적인 근대화 과정에서 자국의 정치적·상징적 통합을 이룬 가장 중요한 과정 중 하나가 바로 '지도 제작'인 점도 흥미롭습니다. 특히 라마 5세는 1885년에 왕실측량청을 신설하고 본격적으로 변경 지방의 측량과 지도 제작을 시행해 변경을 국경화하는 작업에 착수했습니다. 그것은 당시 베트남과 캄보디아를 식민화한 프랑스가 라오스와 타이로 식민지를 계속 확대하려고 한 것에 대한 대응책이었습니다.[24] 이때 제작된 타이의 지도는 단지 타이의 영토를 보여주는 것을 넘어, 타이의 국가성과 민족성을 만들어내는 능동적인 매개체 역할을 했습니다. 즉, "지도가 국가를 창조했다"고 볼 수 있습니다.[25]

둘째, 대외적인 외교 정책입니다. 이는 일명 '대나무 외교'로 불리는데, 타이는 능동적으로 영국과 프랑스에 맞서는 외교 정책을 폈습니다. 대나무 외교란 대나무의 특성을 빌려서 붙인 이름입니다. 대나무는 강한 바람이 불어도 크게 휘청거리기만 할 뿐, 굳건히 박힌 뿌리는 흔들리지 않습니다. 라마 5세는 당시 영국과 프랑스의 상황을 정확하게 파악하기 위해 영국과 프랑스 사이에서 줄타기를 했습니다. 이는 생존을 위한 전략이었습니다. 영국과 프랑스는 식민지 확장을 둘러싸고 세계 곳곳에서 이미 많은 충돌을 겪었습니다. 남부 아시아를 서로 지배하기 위해 경쟁했으며, 플라시 전투에서 영국이 승리하며 인도의 무굴 제국은 영국에 넘어갔습니다. 북아메리카에서는 프랑스와 아메리카 원주민들이 동맹을 맺고 영국과 7년간이나 전쟁을 벌인 끝에 결국 영국이 승리해 캐나다를 차지했지만, 두 나라 모두 오랜 전쟁으로 막대한 비용을 소비해 심각한 문제를 안고 있었습니다. 아프리카에서는 두 나라가 식민지 확보 경쟁을 벌이다 충돌해 '파쇼다 사건'이 발생하기도 했습니다.

이미 세계 곳곳에서 충돌해온 영국과 프랑스는 동남아시아에서 다시 충돌하면 막대한 국력이 소모된다는 사실을 알고 있었습니다.

타이 방콕 시내에 있는 라마 5세 동상

라마 5세는 동쪽과 서쪽에 있는 거대한 두 세력이 더 이상 충돌을 피하기 위해서는 타이가 '완충 지대'가 될 수도 있다는 점을 활용했습니다. 타이는 프랑스 및 영국과 불평등 조약을 맺었습니다. 당시 타이 지배하에 있던 캄보디아와 라오스 땅을 프랑스가, 말레이시아 북부의 술탄국을 영국이 식민 지배하도록 하는 조약을 맺고, 대신 현재 타이 영토 내에서 짜끄리 왕조의 주권이 계속 유지되도록 했습니다. 땅을 내주고 주권을 유지한 것이 무슨 가치가 있느냐고 물을 수도 있지만, 라마 5세가 "위대한 시암의 영광을 위해 한 치의 땅도 내줄 수 없다"는 전략을 취했다면, 타이는 영국과 프랑스의 '분할 점령지'가 되었을지도 모릅니다.[26]

타이는 서구 열강에 여러 이권을 넘겨주는 대신 독립을 유지하기 위해 노력했습니다. 특히 최대한 전쟁을 피하고, 서구 열강에 영토를 내주는 것에 초점을 두었습니다. 영토를 내줄 때는 소수 민족의 영토를 내주는 방식을 썼습니다. 영토는 잃었지만, 오히려 타이인들이 거주하던 지역의 단결을 강화하는 결과를 가져왔습니다. 또한 전쟁을 피하게 되어 전쟁으로 인한 피해나 배상금 지불 문제 등을 겪지 않아도 되었습니다.[27] 이 외교 정책은 가장 혼란스러운 시기에도 타이가 독립과 근대화를 성공시키는 기반이 되었습니다. 인명과 국토의 심각한 훼손 없이 근대화에 매진할 수 있었기 때문입니다.

타이 방콕의 방 쿤 프롬 궁전

타이와 우리나라의 식민 지배 운명과 극복

같은 시기 우리나라에서는 어떤 일이 있었는지 살펴볼까요. 한국사 시간에 '조선 중립화론'을 들어본 적이 있나요? 1885년 유길준은 영국의 거문도 사건, 러시아의 남하 정책, 미국의 입장, 중국의 보장, 일본의 침략 의도 등을 종합해 강대국들의 보장 아래 조선을 중립지대화하자는 《중립론》을 집필했습니다. 열강의 식민 지배로부터 조선이 완충 지대 역할을 할 수 있는 방안을 구상한 것입니다.[28] 하지만 조선 정부는 이를 공식적으로 채택하지 않았습니다. 이후 조선은 열강들의 세력 다툼의 장이 되었고(청일 전쟁, 러일 전쟁), 결국 일본의 식민 지배를 받게 됩니다. 타이와 우리나라를 비교하면, 우리나라는 타이처럼 능동적이고 유연한 국가적 노력이 이루어지지 못해 식민 지배를 당했다고 볼 수도 있습니다.

하지만 우리의 지정학적 위치와 식민 지배의 역사를 극복하고자 시도한 이들도 많았습니다. 특히 지리 교사 김교신(1901~1945)은 일제 강점기 조선인들의 독립의식을 고취하기 위해 《조선지리소고》를 발표했습니다. 이 책에서 그는 "한반도는 동아시아의 모든 고난이 모여 있는 곳이므로, 유라시아의 모든 것을 용광로에 녹여 만들어진 정수精髓, essence는 반드시 한반도에서 나올 것이다"라고 가르쳤습니다. 그리고 우리나라는 비록 식민 지배를 겪었지만, 독립 이후 반세기 만에 세계적으로 이름을 널리 떨쳤습니다. 2021년 유엔 무역 개발 회의UNCTAD는 우리나라를 개발 도상국 그룹에서 선진국 그룹으로 지위를 변경했고, 공식적으로 우리나라는 국제 사회에서 인정하는 선진국이 되었습니다. 우리나라는 BTS를 비롯한 K-POP, 영화 〈기생충〉을 포함한 한류 문화 열풍과 함께 코로나19 방역에서 선진적 역할로 세계의 주목을 받았습니다.

물론 우리나라 주변에는 여전히 강대국들이 자리하고 있습니다. 나라가 멸망해 다른 나라의 지배를 받았던 경험이 있는 우리나라에, 세계의 상황을 기민하게 살펴보고 적극적으로 대응했던 타이의 교훈은 분명합니다. 다가오는 시대에 지정학적 위치를 이용해 진정한 독립을 유지하며, 세계 평화에 기여하기를 진심으로 바랍니다.

2011년 12월 30일이 없는 나라

시간도 날짜도 정하기 나름

사모아

지구의 위치와 시간

지구는 자전하면서 태양 주위를 공전합니다. 지구가 태양을 한 바퀴 돌면 1년, 달이 지구를 한 바퀴 돌면 한 달, 지구가 스스로 한 바퀴를 돌면 하루가 됩니다. 1년은 대략 365.24219878…일이고, 한 달은 29.5305891…일입니다. 하루를 24시간으로 나누고, 다시 1시간을 60분으로 나누고, 1분을 60초로 나누어 우리는 시간을 측정합니다. 결국, 모든 시간의 흐름은 지구와 태양과 달의 운동을 기준으로 계산해 사용하는 셈입니다. 그래서 지구의 정확한 위치를 이해해야 시간을 이해할 수 있습니다.

우주 먼 거리에서 바라보면 지구는 매끈한 공처럼 생겼습니다. 지구는 뱅글뱅글 도는 당구공처럼 자전하기 때문에, 자전축을 기준으로 하면 지구 표면에 있는 특정 지점들의 위치를 표시하기 좋습니다. 자전축 때문에 북극점과 남극점이 있고, 적도가 있는 것입니다. 위도는 적도에서 남북으로 떨어진 정도를 나타내고, 위선은 위도값이 같은 지점을 이은 선입니다. 위선은 지구 자전축에서 출발했기 때문에 지역에 따라 다르게 주장하는 일이 없습니다.

하지만 경도값이 같은 지점을 이은 경선은 상황이 조금 다릅니다. 경선은 북극점과 남극점을 잇는 선이라는 뜻에서 자오선이라고도 하는데, 북쪽을 뜻하는 '자子'와 남쪽을 뜻하는 '오午'를 이은 선이라는 의미입니다. 과거 동아시아의 한자 문화권에서는 천간天干과 지지地支라는 개념을 이용해 방위를 표시하고 시간을 기록했습니다. 그중 12개의 지지는 우리가 잘 알고 있는 동물들로, '자축인묘진사오미신유술해子丑寅卯辰巳午未申酉戌亥'라고 부릅니다.

오늘날에는 하루를 24시간으로 나누지만, 과거에는 12시진으로 나누고 각 시진에 지지의 이름을 붙였습니다. 하루는 자시부터 시작해 23시 59분 59초를 지나 0시 0분 0초가 되면 자정이라고 부릅니다. 이는 자시의 가운데라는 뜻입니다. 마찬가지로 하루의 가운데인 12시는 정오라고 부르는데, 정오는 오시의 가운데라는 뜻입니다. 그래서 하루의 한가운데인 정오를 기준으로 앞은 오전, 뒤는 오후라고 부릅니다.

정오는 하루의 한가운데이므로, 지구에 서 있는 인간 입장에서는 태양이 하루 중 가장 높게 떠올라 있는 시점을 의미합니다. 태양이 해당 지점의 자오선을 딱 통과하는 그 상황을 정중正中, culmination이라고 하는데, 정중이 나타나는 시각이 정오이므로 태양을 관찰하면 지역의 정확한 시간을 알 수 있습니다. 그래서 대부분 문명에서 자기가 사는 곳을 기준으로 시간을 파악했습니다.

사람들이 한 지역에서만 살고, 대부분 걸어다니던 시절에는 그렇게 살아도 불편하지 않았습니다. 그 정도 공간적 범위에서는 지역 간 시간 체계의 차이가 크지 않았기 때문입니다. 하지만 철도와 전신이 발달하면서 각기 달랐던 시간 체계는 혁명적 변화를 겪었습니다. 서로 다른 시간 체계를 사용하는 지역 사이에 철로가 놓이면서, 열차 운행에 불편한 점이 생겼기 때문입니다. 결국 사람들은 시간을 표준화할 필요성을 느끼게 되었습니다.

시간의 기준이 되다!
본초 자오선과 그리니치

근대는 표준화의 시대입니다. 나라마다 달랐던 거리의 기준이 미터법의 등장으로 표준화되었고, 시간도 표준화가 필요해짐에 따라 기준이 될 자오선(경선)에 대한 합의가 이루어지기 시작했습니다. 문제는 대부분 자기 나라의 수도를 지나가는 자오선이 세계의 표준 자오선으로 쓰이기를 바랐다는 점입니다.

특히 파리를 지나가는 자오선을 기준으로 하려는 프랑스와, 런던 교외 그리니치를 지나가는 자오선을 기준으로 하려는 영국의 신경전이 치열했습니다. 결국 1884년 미국 워싱턴에서 국제 자오선 회의가 열려, 지구 자오선의 기준을 그리니치 자오선으로 결정했습니다.

그리니치 천문대의 본초 자오선 구조물

당시 세계 최강국이던 대영 제국의 국력으로 인해 이미 세계 대부분의 배와 지도에서 영국의 그리니치 자오선을 사용하고 있었기 때문입니다. 경도의 기준이 되는 자오선은 정치적 합의의 결과물인 셈입니다.

결국 그리니치 자오선Greenwich Meridian은 매우 중요해졌습니다. 그리니치 자오선은 지구의 모든 자오선 중에서 기준이 된다는 뜻에서 본초 자오선prime meridian으로 부릅니다. 그리니치 천문대에서는 가상의 선인 본초 자오선을 구조물로 만들어 표시해두고 있습니다. 초록색 레이저를 발사해 표시하기도 하는데, 이를 구경하기 위해 전 세계에서 많은 관광객이 찾아옵니다.

실제로 그 선이 이 선 아닌데?

그러나 엄밀하게 따지면 그리니치 천문대의 본초 자오선 구조물은 실제 본초 자오선의 위치에 만들어진 것이 아닙니다. 지구의 표면에는 지형들이 발달해 있습니다. 거대한 산맥도 있고 깊은 해구도 있습니다. 우리는 지구를 완벽한 구체라고 생각하지만, 실제 지구는 표면이 울룩불룩한 타원체입니다.

실제 지구와 최대한 비슷하면서도 단순하게 표현할 방법을 고민한 결과, 지오이드geoid를 만들었습니다. 지오이드는 실제 지구의

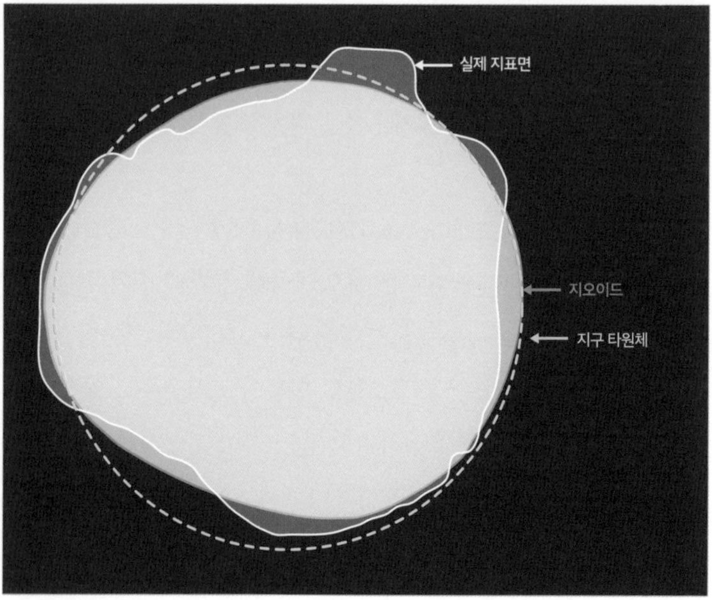

실제 지표면, 지오이드, 지구 타원체의 모식도

표면을 싹 정리해 지구의 중력 분포에 따라 만든 가상의 형태입니다. 지오이드는 평균 해수면이 기준이기 때문에, 해발 고도가 높은 곳에서는 실제 지구의 표면보다 지오이드의 표면이 깊은 곳에 있게 됩니다.

위도와 경도로 표현되는 위치를 수리적 위치라고 하는데, 지오이드가 실제 지구보다 평탄해졌지만 여전히 매끈하지 않아 수리적 위치를 표시하려면 다소 번거롭습니다. 따라서 이를 보완하기 위해 실제 지구에 가까우면서도 매끈한 지구 타원체earth ellipsoid를 만들었습니다. 오늘날 대부분의 나라는 GRS80이나 WGS84 타원체를 표준으로 하여 수리적 위치를 표시합니다. GRS80은 측지 기준 시스템Geodetic Reference System으로 1980년에 제정되었다는 뜻이고, WGS84는 세계 측지 시스템World Geodetic System으로 1984년에 제정되었다는 뜻입니다. 우리나라도 이 타원체들을 바탕으로 수리적 위치를 표시하고 있습니다.

현재 WGS84 타원체 등에서 사용하는 본초 자오선은 그리니치 천문대를 지나가는 경선보다 동쪽으로 102m 정도 떨어져 있습니다. 그리니치 천문대에서 관광객들이 구조물로 만들어진 선을 보며 본초 자오선이라고 좋아하지만, 현재 지구에 사는 사람들이 실제로 사용하는 본초 자오선은 그 선이 아닌 셈입니다.

표준시와
꼬불꼬불 날짜 변경선

그리니치 자오선이 본초 자오선으로 결정되면서, 이제는 더 이상 지역마다 다른 시간을 사용하지 않게 되었습니다. 지구 한 바퀴는 360° 인데 24시간 동안 돌기 때문에, 그리니치 자오선을 기준으로 동쪽으로 15°씩 떨어질 때마다 1시간씩 이르게, 서쪽으로 15°씩 떨어질 때마다 1시간씩 느리게 표준시를 설정했습니다. 이를 그리니치 표준시Greenwich Mean Time, GMT라 부르고, 이를 더욱 정확하게 보정한 값을 세계 표준으로 삼아 협정 세계시Universal Time Coordinated, UTC라고 부릅니다. 이렇게 협정 세계시가 이용되면서, 상호 작용이 많은 하나의 나라나 지역들이 묶여 공통으로 하나의 시간대를 사용하게 되었습니다.

하지만 본초 자오선과 마찬가지로 표준시도 정치적·경제적 의사 결정의 결과입니다. 러시아나 미국은 한 나라 안에서도 동서로 길쭉해 여러 개의 표준시를 사용하고 있습니다. 반면 중국은 거대하지만, 동부의 베이징과 상하이 등 대도시에 맞춘 단일한 표준시를 사용하고 있습니다. 따라서 중국 서부의 주민들은 실제 해가 뜨는 시간보다 훨씬 이른 시간대에 살고 있는 셈인데, 중국 정부는 주민 생활보다 통치의 편의를 우선으로 여기는 것 같습니다.

우리나라의 표준시도 우여곡절이 많았습니다. 조선 시대에는 한양을 기준으로 시간을 측정했고, 대한 제국 때는 한반도의 중앙을 지나는 동경 127° 30′을 기준으로 GMT보다 8시간 30분 이른 시간을 사용했습니다. 일제 강점기에는 조선 총독부가 일본과 동일한 동경 135°를 기준으로 하여 GMT보다 9시간 이른 시간을 사용했습니다. 대한민국 정부 수립 이후인 1954년에 다시 GMT보다 8시간 30분 이른 시간으로 돌아왔다가, 5·16 군사정변 이후 다시 GMT보다 9시간 이른 시간을 사용하게 되었습니다. 2015년에는 꾸준히 UTC보다 9시간 이른 시간을 쓰던 북한에서 UTC보다 8시간 30분 이른 시간으로 바꾸면서, 일본과 시차가 없지만 정작 한반도의 북한과는 시차가 생기는 상황이 발생한 적도 있습니다. 북한은 현재

2018년 제1차 남북정상회담을 계기로 우리나라의 표준시로 함께 맞춰 쓰고 있습니다.

우리나라는 현재 동경 135°를 표준 경선으로 삼는 1시간 단위의 표준시를 사용하는데, 이는 실제 태양 이동보다 30분 정도 이른 표준시에 해당합니다. 세계 나라 중 표준시가 느린 경우는 5%, 비슷한 경우는 56%, 이른 경우는 39% 정도라서 30분 정도 이른 시간을 쓰는 것은 보편적이라고 할 수 있습니다.[29]

우리나라의 경우에는 30분의 시차를 고민해왔으나, 완전히 다른 상황으로 인해 하루의 시차를 고민해야 하는 곳도 있습니다. 바로 날짜 변경선 때문입니다. 본초 자오선에서 동쪽으로든 서쪽으로든 180° 떨어진 경선은 날짜를 구분해주는 선이 됩니다. 이 선의 서쪽은 세계에서 가장 이른 곳이 되고, 이 선의 동쪽은 세계에서 가장 느린 곳이 됩니다. 결국 이 선 사이에 하루의 차이가 발생하기 때문에 이 선을 날짜 변경선international date line이라고 부릅니다. 본초 자오선의 지구 반대편에 날짜 변경선이 있긴 한데, 날짜 변경선을 어떻게 적용할지는 걸쳐 있는 나라의 선택에 달려 있습니다.

먼 친척보다 가까운 이웃사촌

서로 다른 시간대로 인해 시차가 발생하면 계산하기 번거로운데, 서로 다른 날짜를 사용하면 더욱 번거로울 수밖에 없습니다. 그래서 날짜 변경선은 다른 지역과의 상호 작용을 고려합니다.

남태평양에 있는 나라 사모아Samoa도 마찬가지입니다. 사모아는 우폴루Upolu섬과 사바이Savai'i섬을 비롯한 여러 개의 섬으로 구성되어 있으며, 인구 약 20만 명이 사는 엄연한 독립 국가입니다. 과거 '서사모아Western Samoa'였던 적도 있으나, 1997년 사모아로 국명을 바꾸었습니다. 그러나 동쪽으로 마주한 '미국령 사모아American Samoa'와 구별하기 위해 여전히 서사모아로 불리기도 합니다.

사모아는 서경 172° 일대에 있어 날짜 변경선의 기준이 될 수 있는 180°선보다 동쪽에 위치합니다. 과거에는 날짜 변경선을 나라의 동쪽으로 옮겨 아시아와 같은 날짜를 써 세계에서 가장 이른 시간대를 사용했습니다. 그런데 태평양에서 미국의 영향력이 점차 강해지자 미국과 편하게 무역하기 위해 1892년에 날짜 변경선을 섬의 서쪽으로 옮겨 세계에서 가장 느린 시간대가 되었습니다. 그 덕분에 세계에서 가장 늦은 일몰을 구경하려는 관광객들이 찾기도 했습니다.

시간을 정하는 것은 인간 사회의 특성

하지만 멀리 떨어진 미국보다는 가까이 있는 뉴질랜드·오스트레일리아·중국과의 무역이 점차 많아지면서 불편함이 커졌습니다. 사모아가 금요일인데 뉴질랜드는 토요일이고, 사모아가 일요일이라 쉬

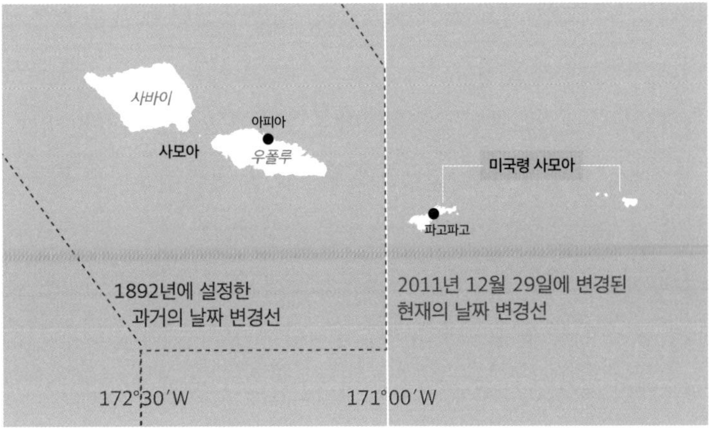

1892년과 2011년의 날짜 변경선

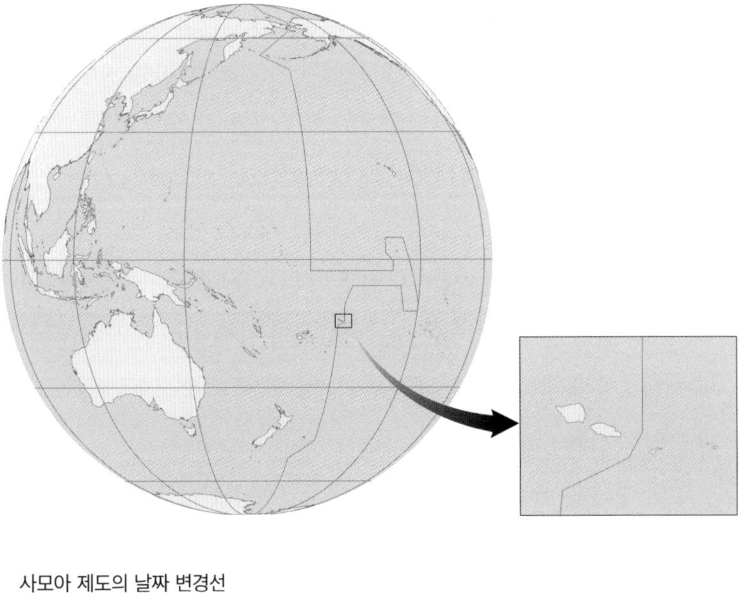

사모아 제도의 날짜 변경선

는데 뉴질랜드는 월요일이라서 일하는 상황이 되다 보니 업무가 제대로 이루어지지 않았습니다. 국외로 이주한 사모아 국민 대부분이 뉴질랜드와 오스트레일리아에 있어 혼란이 매우 심했습니다.

그래서 결국 2011년 12월 29일부터 날짜 변경선을 다시 동쪽으로 옮기기로 결정했습니다. 다만, 늦은 시간대에서 이른 시간대로 변경해야 해서 하루를 생략하기 위해 12월 29일에서 12월 30일을 건너뛰고 바로 12월 31일로 넘어갔습니다. 사모아는 해가 늦게 지는 명소에서 해가 일찍 뜨는 명소로 바뀌었습니다. 마치 이어달리기 제일 뒤에서 달리던 선수가 한 바퀴를 더 뛰었다고 선언하고 앞서가는 셈입니다.

그래서 사모아 제도 사이에 날짜 변경선이 지나가게 되었습니다. 사모아의 아피아Apia와 미국령 사모아의 파고파고Pago Pago 사이 거리는 123㎞에 불과합니다. 비행기로 35분이면 갈 수 있지만, 협정세계시보다 13시간 빠른 아피아와 11시간 느린 파고파고 사이에는 24시간의 시차가 생겼습니다. 그에 따라 사모아는 정작 가까이 이웃한 미국령 사모아와는 날짜가 서로 다른 상황입니다. 사모아는 아메리카의 날짜에서 아시아와 오세아니아의 날짜로 바꾼 셈인데, 어쩌면 태평양에서 독보적인 패권을 자랑하던 미국 중심의 세상이 바뀌고 있는 것일지도 모릅니다.

결국 경선을 기반으로 결정된 시간과 날짜는 인간 사회의 지리적 상호 작용을 반영합니다. 지역 간 상호 작용에 불편함이 적은 방향으로 의사 결정이 이루어지므로, 지금 우리가 쓰는 시간대는 오랜 변화와 적응의 시행착오가 쌓인 결과물인 셈입니다.

우리의 표준시는 앞으로 어떻게 될까요? 우리와 지리적 상호 작용이 활발하게 일어나는 공간적 범위에 주목해보면, 답이 보일지도 모릅니다. 날짜 변경선이 변하게 될지, 아니면 현재대로 유지될지 앞으로도 지구 곳곳의 변화를 살펴보면 세상과 지리가 더욱 흥미롭게 보일 것입니다.

세계 절반의 승인이 없는 나라

세계 나머지 절반에서
나라로 인정받을 수
있을까?

코소보

16

지도 한 장으로 구설수에 오른 가수

두아 리파Dua Lipa라는 가수를 알고 있나요? 2015년에 데뷔한 영국의 팝 가수 두아 리파는 〈뉴룰스New Rules〉와 〈돈트 스타트 나우Don't Start Now〉 등의 노래를 히트시켰습니다. 그녀는 노래는 물론, 주저하지 않고 소신을 드러내는 깜짝 발언으로도 언론의 주목을 받고 있습니다. 특히 2020년에는 지도 한 장으로 언론의 주목을 받았습니다. 그 이유는 자신의 SNS에 '대알바니아Greater Albania'가 그려진 지도를 업로드했기 때문입니다. 지도 안에는 알바니아 국기와 디자인이 같은 붉은색 바탕의 검은 쌍두독수리가 그려져 있고, 지도의 윤곽선은 현재 알바니아보다 훨씬 넓은 면적으로 표시되어 있어, 주변국 영토를 알바니아의 영토라고 주장하는 극우적인 주장을 담고 있는 듯했습니다. 한편 두아 리파는 코소보Kosovo 출신인데, 평소에 자신의 출신지를 자랑스럽게 알렸습니다.

두아 리파의 '대알바니아' 지도 SNS 화면 캡처[30]

그런데 그녀는 왜 코소보와 국경을 맞대고 있는 알바니아 지도를 SNS에 업로드했을까요? 이 지도에 무슨 의미가 있는지 알아보기에 앞서, 그녀의 고향인 코소보는 어떤 나라이고, 코소보가 '무엇이 없는 나라'인지 살펴보겠습니다.

코소보는 유럽 남동부의 발칸반도에 있습니다. 국토 면적은 경상남도와 비슷하고 세르비아, 몬테네그로, 알바니아, 북마케도니아 등과 국경을 접하고 있는 내륙국입니다. 북쪽의 세르비아에서 독립해 지도에 코소보가 추가된 것은 2008년입니다. 즉, 코소보는 나이가 고작 열 살이 조금 넘었을 뿐입니다.

코소보에는 누가 살고 있을까요? 사실 '코소보인'이라는 민족은 코소보에 없습니다. 코소보에 사는 약 190만 명의 인구 중 알바니아인이 92.9%로 가장 많습니다.[31] 또한 알바니아인들은 주로 이슬람교를 믿어, 무슬림이 코소보 전체 인구의 94.1%를 차지합니다. 무슬림 알바니아인들이 사는 유럽의 조그마한 나라라니, 특이하지 않나요?

코소보에는 왜 알바니아인들이 살고 있을까요? 알바니아인들, 특히 알바니아 민족주의자들은 현재 알바니아 영토가 알바니아 민족의 거주 범위를 다 포괄하지 못한다고 생각합니다. 알바니아인들은 고대부터 알바니아와 코소보를 비롯한 '대알바니아' 영토에 토착 민족으로서 살아왔는데, 여러 역사적 사건으로 인해 영토가 축소되어 지금과 같은 상황이 된 것으로 인식하고 있습니다. 그래서 자국 영토 경계 너머에 사는 알바니아인 거주지를 자국 영토로 편입하고 싶어 합니다. 가장 대표적인 지역이 이전까지 세르비아가 차지하고 있던 코소보입니다.

두아 리파가 SNS에 올린 '대알바니아' 지도는 이러한 알바니아인들의 주장을 반영하는, 극단적인 민족주의 성격을 지니고 있습니다. 왜냐하면 그 주장을 실현하기 위해서는 일반적으로 전쟁과 같은 물리적 폭력을 행사해야 하기 때문입니다. 이처럼 과거에는 자신들의 민족이 살았지만 현재는 타국의 영토가 된 '잃어버린' 땅을 되찾아와야 한다는 주장을 일컬어 '실지회복주의失地回復主義, irredentism'라고 합니다. 코소보 출신인 두아 리파의 언행을 해석하면, 알바니아인들의 실지회복주의 주장에 공감하며 코소보를 알바니아와 통합하고

코소보 지도

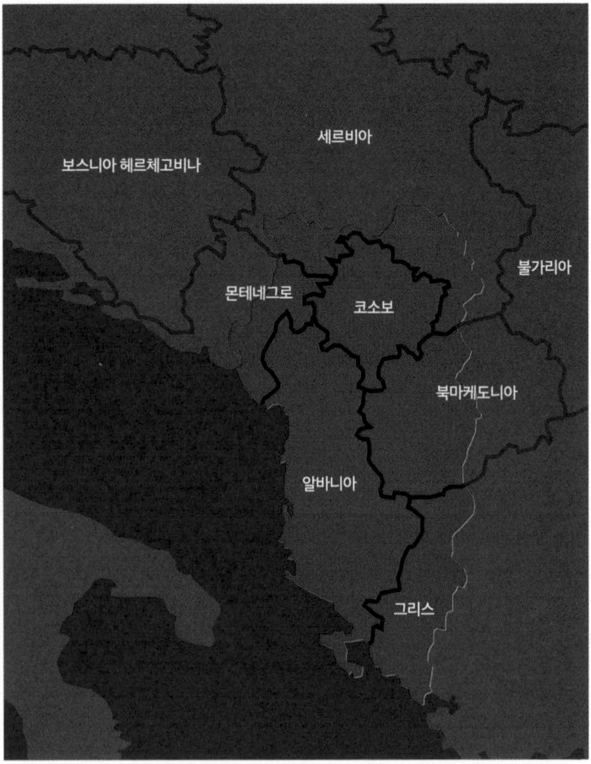

붉게 표시된 영역이 '대알바니아'다. 알바니아 및 코소보 전체, 그리고 주변국 일부가 포함되어 있다.

싫어 하는 셈입니다.

사실 알바니아의 실지회복주의는 일방적인 주장이 아닙니다. 오히려 코소보에 사는 알바니아인들은 현대사에서 세르비아인들의 물리적 폭력 피해자로 지낸 시기가 더 많았습니다. 그래서 남의 나라에 사는 게 아니라, 자신들의 나라에서 같은 민족끼리 살고 싶은 욕구가 컸을 것입니다. 이미 19세기 세르비아 독립 과정에서 코소보의 알바니아인 일부가 강제로 이주당한 경험이 있습니다.

특히 1990년대 코소보의 알바니아인들은 세르비아 정부에 의해 지속적인 탄압과 인종청소에 가까운 학살에 노출되었습니다. 두아리파의 부모도 이 시기에 영국으로 이주했습니다. 이러한 비인간적인 참극을 끝내기 위해, 1999년 미국을 중심으로 한 북대서양 조약기구NATO의 연합군이 세르비아를 공격하기로 결정해 세르비아의 코소보 탄압이 중단되었고, 코소보는 세르비아에서 분리해 자치주州 상태로 있다가 2008년에 독립한 것입니다.

하지만 세르비아의 입장은 다릅니다. 세르비아인들은 사실 알바니아인들이 코소보 땅에 오래전부터 토착 민족으로서 살았다는 주장이 불분명하다고 비판합니다. 과거에는 '알바니아인', '세르비아인'이란 정체성 구분 자체가 없었고, 발칸반도 일대 슬라브 민족이 섞여 살았다는 것입니다.

세르비아인들은 11~14세기에 강대국인 '세르비아 대공국'을 건설했고, 이때 현재의 세르비아와 코소보를 비롯한 발칸반도 일대를 통치하면서 세르비아인의 정체성이 형성되었습니다. 그러다가 세르비아 대공국이 동쪽에서 온 오스만 제국과 벌인 1389년 '코소보 전투'에서 패해, 세르비아인들은 오스만 제국의 지배를 받았습니다. 이 시기에 무슬림 알바니아인들이 코소보 땅에 많이 살게 되었습니다. 19세기에 세르비아는 오랜 식민 지배에서 벗어나 독립국으로 거듭났고, 세르비아 사람들은 코소보 전투의 패배를 딛고 다시 나라를 강하게 일으키고 싶어 했습니다. 그래서 단지 이곳에 현재 알바니아인들이 많이 산다는 이유로 코소보가 독립하면, 자국 민족주의에서 중요하게 여겨지는 장소를 오스만 제국 이후 또 한 번 '실지失地'한다는 상실감으로 이어질 것입니다.

코소보를 둘러싼 알바니아인들과 세르비아인들의 주장이 엇갈리고 있습니다. 과연 누구의 주장이 옳을까요? 험준한 디나르알프스산맥Dinar Alps이 북서-남동 방향으로 가로지르는 발칸반도의 자연지리적 특성, 그리고 다양한 민족과 나라가 명멸을 반복한 역사적 경험에 기반을 두고 민족적·종교적·언어적 특성이 다원적인 형태로 공존해왔습니다. 또한 특정 민족이 중심이 되어 이러한 다원적인 특성을 통합하고자 하는 정치적 움직임이 있었는데, 이 움직임이 강할 때마다 발칸반도에 갈등과 증오의 씨앗이 싹텄습니다. 그러한 결과 중 하나가 코소보입니다.

왜 세계의 절반은 코소보를 승인하지 않나?

이처럼 우여곡절 끝에 지도에 독립국으로 모습을 드러냈으나, 여전히 코소보의 지위는 불안정합니다. 왜냐하면 세계의 절반 정도가 코소보를 나라로 승인하지 않기 때문입니다. 코소보 외무부에 따르면, 2021년 기준 총 117개국이 코소보를 하나의 나라로 승인하고 있습니다.[32] 아래 지도에서, 코소보를 나라로 승인해 외교 관계를 맺고 있는 나라는 녹색으로 표시되어 있습니다. 미국, 영국, 프랑스, 독일, 오스트레일리아, 일본 등 자유 민주주의로 분류되는 나라가 많이 표시

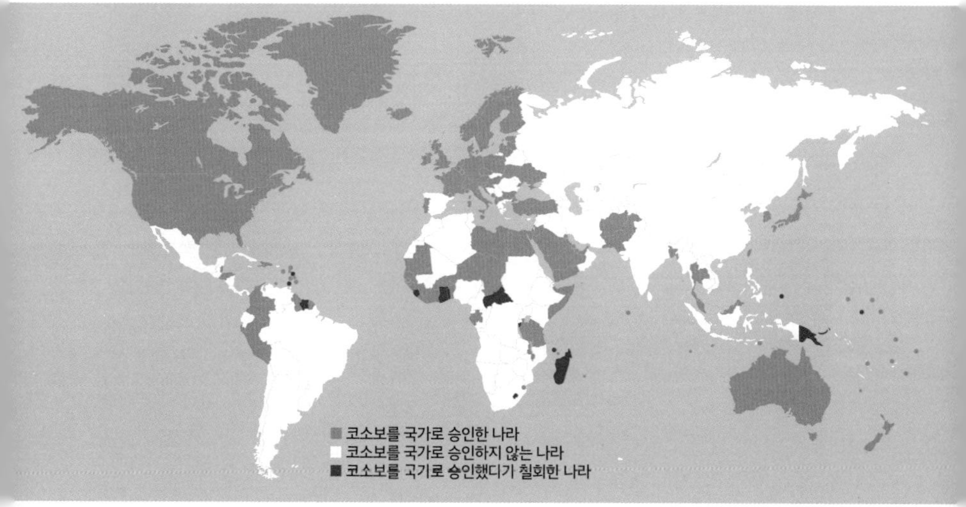

코소보 승인국을 녹색으로 표시된 지도

코소보 자코바 하둠 지역의 모스크 단지

코소보 그라차니차의 동방정교 수도원. 1321년 세르비아에 의해 건설되었다. ©Sasa Micic

되어 있고, 우리나라도 비록 외교 관계는 없지만 코소보를 나라로 승인하는 녹색으로 표시되어 있습니다. 그리고 사우디아라비아, 터키, 파키스탄 등 무슬림 비율이 높은 나라가 꽤 많이 보입니다. 반면에 코소보를 나라로 승인하지 않는 회색 표시, 승인을 철회한 붉은색 표시도 지도의 나머지 절반 정도를 차지합니다. 러시아, 중국이 눈에 띄고 인도, 브라질 등 신흥 경제국들도 회색으로 표시되어 있습니다. 코소보의 승인을 두고 세계의 여론이 반으로 분열된 형국입니다.

세계적으로 미승인 나라는 코소보 외에도 꽤 있습니다. 세계 어느 나라도 승인하지 않지만 정부가 정상적으로 기능하는 소말릴란드,

세계에서 15개국 정도만 나라로 승인하는 대만, UN 가입국의 3분의 2 이상이 나라로 승인한 팔레스타인 등이 대표적입니다. 보통 승인이나 미승인 중 한쪽으로 쏠려 있는데, 승인/미승인 여론이 반반으로 팽팽하게 나뉘는 나라는 코소보가 유일합니다.

'국가'가 형성되려면 영토, 국민, 주권의 3요소가 필요합니다. 하지만 현대 세계 체제에서는 이러한 내부적 조건 외에도 외부적인 조건이 필요한데, 바로 국제 연합UN 소속 나라들이 해당 나라를 '승인recognition'하는 것입니다. 그래야 국제법의 보호를 받고, 필요할 때 세계은행World Bank과 국제 통화 기금IMF의 재정 지원을 받을 수 있으며, 국경을 통제할 권한도 생기고, 세계 경제 시장으로 진출할 수 있기 때문입니다. 그런데 코소보는 2008년 독립을 선포하고 영토, 국민, 주권이라는 3요소를 모두 갖추었음에도, 현재 UN 가입국이 아닙니다. 그 이유는 UN 회원국의 절반 정도가 코소보를 하나의 나라로 승인하지 않기 때문입니다.

코소보를 미승인한 나라들도 나름의 이유가 있습니다. 우선, 세르비아는 당연히 코소보를 승인하지 않을 것입니다. 그리고 중국과 러시아는 유엔 안전 보장 이사회 상임이사국에 해당해 거부권을 행사할 수 있는 '입김이 센' 나라입니다. 이들은 세르비아와 가깝고, 코소보를 독립시키는 데 큰 역할을 한 미국 및 서유럽 나라들과 정치적으로 대립합니다. 유럽에서는 에스파냐가 눈에 띕니다. 코소보를 승인할 경우, 자국 내 카탈루냐와 바스크 등 분리주의 성향 지역의 독립 운동을 자극할 수 있다는 이유로 반대하는 것입니다.

아직 미승인 국가가 많지만 코소보는 세계은행, 국제 통화 기금은 물론 국제 축구 연맹FIFA 회원국으로 가입했으며, 2016년 리우 올림픽에도 참가했습니다. 하지만 여전히 모든 국제기구나 국제 행사에 참가하지 못하고 있습니다. 코소보가 유로비전 콘테스트에 참가하려 시도했으나 세르비아의 반대로 무산된 사례가 대표적입니다.[33]

세르비아 정부는 세계에서 코소보를 승인하는 나라가 50% 미만이 되는 것을 목표로 삼고 각국에 '물밑작업'을 하고 있습니다. 세르비아의 염원이 통했는지 수리남을 비롯한 10여 개 나라가 최근 코소보에 대한 승인을 번복해 미승인으로 입장을 변경했습니다. 물론 새롭게 코소보를 승인하는 나라도 있습니다.

이렇게 코소보는 10여 년째 여러 나라가 승인과 미승인을 반복하면서 팽팽히 맞서고 있습니다. 코소보의 승인 여부에는 각국의 이해관계가 복잡하게 얽혀 있기 때문입니다.

보이지 않는 나라,
코소보

2021년 카타르 월드컵 예선에서, 에스파냐와 코소보가 에스파냐의 세비야에서 경기를 했습니다. 하필 코소보는 자국을 미승인하는 에스파냐와 경기를 치르게 되어, 승패를 떠나 경기에 참가하는 데도 많은 노력을 기울여야 했습니다. 에스파냐로 입국하는 과정에서 수많

국제축구연맹 가입 이후, 첫 골을 넣고 환호하는 코소보의 선수와 관중들

은 걸림돌이 있었기 때문입니다. 코소보 외무부는 선수단과 기술지원 최소 인원 30명에 한해 제한적으로 특수 비자를 준비해, 겨우 세비야로 갈 수 있도록 지원했습니다.[34] 이러한 상황을 마주한 코소보 국민들은, '코소보는 여전히 세계 절반의 승인을 받지 못하는 나라구나.' 하며 좌절감을 느꼈을 것 같습니다.

누아 리파를 비롯한 코소보 국민들도 국제 사회의 승인을 받은 안전한 국가를 원할지 모릅니다. 그러한 맥락에서 파시스트로 몰리더라도 '대알바니아'를 주장하는 것 아닌가 싶습니다. 코소보가 자립 불가능하다면, 차라리 알바니아와 합쳐야 국제 사회 나머지 절반 나라에서 온전히 인정받을 것이라는 거죠. 코소보가 '온전한 나라'로 인정받아야 국민들이 자유롭게 해외여행을 하고 무역과 경제 성장도 활발하게 이루어질 테니까요.

지도를 보면 세계는 여러 나라로 깔끔하게 정리되어 있는 것 같습니다. 각국은 명확하게 이름이 붙어 있고, 경계가 뚜렷합니다.[35] 코소보도 지도의 여느 나라들처럼 존재하고, 국제 사회 일원으로서 어엿하게 한 자리 차지하고 있는 것처럼 보입니다. 그러나 지도 이면에 많은 이야기가 숨어 있습니다. 알바니아와 세르비아 사이에서 우여곡절을 겪은 끝에 독립했고, 독립 이후에도 여전히 세계적 규모에서 여론이 분열되어 있다는 점을 알 수 있습니다. 코소보는 어떤 나라 지도에서는 보이고, 어떤 나라 지도에서는 보이지 않을 수도 있습니다.

4

없는 듯
있는 나라,

이런 것도
없는 나라

스타벅스가 없는 나라

커피에는 몹시 진심입니다!

이탈리아

17

커피 맛으로 유혹하는 스타벅스

스타벅스는 세계에서 가장 큰 다국적 커피 전문점입니다. 전 세계 79개국에 3만2,392개 매장이 있으며(2021년 3월 기준),[36] 4시간마다 하나씩 매장이 늘어난다고 합니다. 우리가 아는 많은 나라에 스타벅스 매장이 있어, 여행 다니는 사람들에게 익숙한 커피 브랜드입니다. 다국적 기업인 스타벅스는 전 세계 모든 매장에서 거의 같은 인테리어를 유지하고 같은 메뉴를 판매합니다. 대표 메뉴인 아메리카노와 카페라테는 우리나라뿐만 아니라 다른 나라에서도 똑같은 방식으로 주문해 맛볼 수 있지요. 그래서 유럽 여행을 떠난 사람들에게 스타벅스의 '아이스 아메리카노' 같은 메뉴는 사막의 오아시스, 가뭄에 단비 같은 음료입니다.

하지만 스타벅스가 한동안 매장을 열지 못한 다소 의외의 나라가 있습니다. 그 나라는 어디일까요? 그 이야기를 하기 전에 스타벅스에 대해 간단히 알아보겠습니다.

세계에서 가장 큰 커피 체인점 스타벅스의 로고

스타벅스는 허먼 멜빌Herman Melville의 소설《모비 딕Movy Dick》에 나오는 고래잡이배 피쿼드호의 일등 항해사 스타벅Starbuck의 이름을 따서 지은 상호명입니다.

스타벅스의 로고는 초록색 바탕의 세이렌Siren 모습입니다. 세이렌은 그리스 신화 속에 등장하는 꼬리가 둘 달린 바다의 인어입니다. 달콤한 노래로 수많은 선원을 유혹해 죽게 한 것으로 알려져 있지요. 스타벅스에서 세이렌을 로고로 쓴 이유는 커피 맛으로 소비자를 유혹하겠다는 뜻입니다. 비상 상황일 때 울리는 경보를 사이렌이라고 하는데, 사이렌도 세이렌에서 비롯된 말입니다. 스타벅스 앱을 이용해 커피를 주문하는 사이렌 오더 시스템은 우리나라에서 처음 론칭됐습니다.

스타벅스는 1971년 미국 시애틀에서 영어 교사 제리 볼드윈과 역사 교사 제브 시글, 작가 고든 바우커의 동업으로 시작되었습니다. 처음에는 커피콩을 사다 볶아서 팔던 소매점이었습니다. 그런데 1987년 하워드 슐츠Howard Schultz가 인수하면서 커피 전문점으로

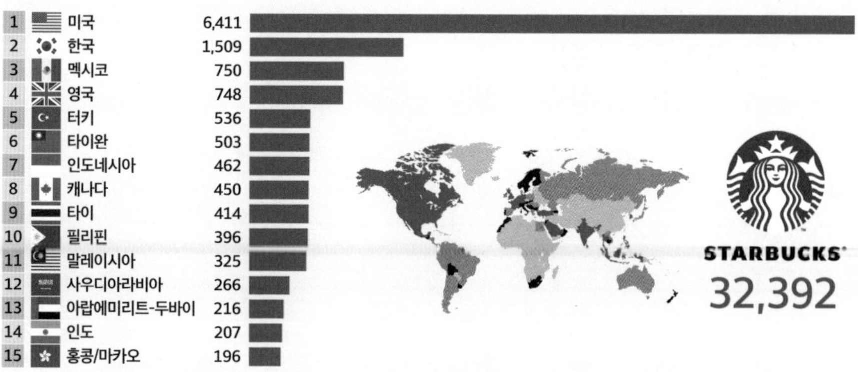

나라별 스타벅스 매장 수(2021년 1/4분기 기준, 스타벅스)

새롭게 탄생했습니다. 참! 미국 북서부 태평양 연안에 있는 도시 시애틀은 스타벅스 외에도 아마존, 마이크로소프트, 보잉 등 유명한 기업들의 본거지입니다. 시애틀이라는 도시의 이름은 아메리카 원주민 추장이었던 시애틀의 이름에서 비롯되었고, 자연과 사람은 원래 한 몸이었다고 하는 시애틀 추장의 편지가 널리 알려져 있습니다.

스타벅스 매장은 전 세계에서 3만2,000여 개가 운영되고 있습니다. 우리나라는 약 1,500개로 미국 다음으로 많습니다. 그런데 스타벅스가 없는 나라가 있습니다. 여러 나라 중 이탈리아Italy에 대해 알아보려 합니다.

스타벅스가 '없던' 나라,
커피 종주국 이탈리아

스타벅스는 늘 이탈리아에 매장을 열고 싶어 했습니다. 하워드 슐츠는 30여 년 전 이탈리아 밀라노에서 에스프레소를 마시면서 스타벅스를 창업해야겠다는 영감을 받았다고 합니다.

> "1983년에 밀라노에 처음 여행 다녀온 이후 이 도시의 에스프레소 바에서 느꼈던 커뮤니티의 느낌, 바리스타의 우아한 몸짓, 고객들이 자유롭게 그리고 순수하게 주고받는 인간 대 인간이 교감하는 순간의 분위기에 매료됐습니다."
> 밀라노에서 미국으로 돌아온 뒤, 회사 경영진에게 내가 느끼고 경험한 것들을 전달하려고 애썼습니다.
> "밀라노의 커피 바처럼, 스타벅스만의 커피 바를 만들고 싶습니다."
> - 하워드 슐츠·조앤 고든, 안진환·장세현 옮김, 2011, 《온워드》, 에이트 포인트, 28쪽.

이탈리아는 에스프레소의 종주국이자, 자국의 커피 문화에 자부심이 많은 나라입니다. 우리가 흔히 쓰는 에스프레소espresso, 마키아토macchiato, 카페라테caffè latte, 카푸치노cappuccino 모두 이탈리아어에서 유래한 커피 이름입니다. 이탈리아 사람들은 아침에 진한 에스프레소 한 잔을 마신 뒤 하루를 시작합니다. 아메리카노는 에스프레소에 물을 타서 묽게 만든 것입니다. 그래서 이탈리아 사람들은 아메리카노를 '근본 없는 커피'라고 생각합니다.

이렇게 커피에 대한 자부심이 강한 이탈리아에 스타벅스를 개점한다고 했더니, "마치 네덜란드의 암스테르담에서 튤립을 팔거나, 멕시코에 타코벨이 진출하는 것과 다름없다. 에스프레소의 쓴맛을 제대로 보게 될 것이다"라는 말을 듣기도 했습니다. 마치 일본이나 중국의 김치 업체가 우리나라에 진출한 상황과 같다고나 할까요? 우리나라 사람들 눈에는 그 김치가 우리나라 김치 문화를 카피한 것에 불과할 테니 말이죠.

당연히 현지에서는 냉소 섞인 반응을 보였습니다. 커피에 대한 전통과 자부심이 남다르고, '에스프레소'라는 이름까지 붙여준 콧대 높은 이탈리아 인들이 미국 커피 매장에 갈 리 없다는 얘기였지요. 이탈리아 사람들은 스타벅스를 '인스턴트커피' 정도로 업신여겼습니다.[37]

커피는 커피콩을 볶아서 만드는 음료입니다. 맛있는 커피가 되려면 커피콩이 좋아야 하는 것은 당연합니다. 커피는 열대 기후 지역에서 재배되므로, 유럽에서 재배하기에 적절하지 않습니다. 커피콩의 원산지는 아프리카에 있는 나라 '에티오피아'입니다. 그런데 어떻게 이탈리아는 커피 종주국이 된 것일까요? 답은 추출에 있습니다. 1884년 이탈리아의 토리노에서 열린 박람회에서 에스프레소 머신이 처음 등장했습니다. 에스프레소 머신은 고압으로 추출해 커피 맛이 일품이고, 단 몇 분 만에 수십 잔의 커피를 만들 수 있습니다. 이에 따라 전 세계 커피 산업의 판도가 바뀌기 시작하면서, 20세기 초 이탈리아가 전 세계 커피 산업을 주도하게 되었습니다.

그래서 이탈리아에서 탄생한 유명 커피 브랜드가 많습니다. 우리나라에서는 다소 생소하지만 유럽 전역에서 인지도 있는 브랜드 '세가프레도 자네티 에스프레소Segafredo Zanetti Espresso'를 비롯해, 우리나라에도 진출한 카페 파스쿠치CAFFÉ PASCUCCI가 이탈리아의 커피 브랜드입니다. 그 외 우리나라에서 커피 원두로 유명한 '라바짜Lavazza', 커피 원두와 에스프레소 머신으로 유명한 '일리illy'도 이탈리아 브랜드입니다.

커피의 본고장을 공략하다

2018년 9월, 드디어 스타벅스는 이탈리아에 매장을 냈습니다. 이탈리아 북부 도시 밀라노의 대성당 근처입니다. 밀라노는 패션과 명품의 도시로 알려져 있고, 이탈리아에서도 꽤 소득이 높은 지역입니다.

스타벅스 밀라노 매장은 이탈리아 커피 문화에 대한 존경의 표시로 만들었다고 합니다. 이탈리아 진출을 위해 스타벅스는 치밀한 명품 전략과 현지화 전략을 택했습니다. 오래된 우체국 건물을 이용해 유럽 스타일로 매장을 꾸몄고, 매장을 전 세계 3개밖에 없는 프리미엄 브랜드 '리저브 로스터리'로 만들었습니다. 스타벅스의 대표 메뉴인 바닐라라테, 프라푸치노 음료 등을 과감하게 뺐습니다.[38] 이탈리아 사람들이 '커피 맛을 제대로 즐길 수 없는 음료'라고 생각했기 때

밀라노 대성당

스타벅스 밀라노 매장

문입니다(물론 지금은 메뉴에 추가되어 있습니다).

이러한 전략 덕분에 스타벅스에 대한 이탈리아 사람들의 부정적인 감정이 상당히 줄어들었습니다. 지금은 사람들이 커피를 마시기 위해 문 열기 전부터 매장 앞에 줄을 섭니다. 스타벅스에 대한 이탈리아 사람들의 인식을 바꾼 비결은 바로 '겸손' 전략 덕분이라고 합니다. 하워드 슐츠도 이탈리아 진출의 핵심 전략으로 "이탈리아는 겸손하게 다가가야 한다"고 수차례 강조했습니다.

에스프레소의 나라에 드디어 커피를 팔게 된 스타벅스. 스타벅스는 세계를 무대로 활동하며 넓은 시야를 가진 대기업이지만, 동시에 지역의 특성을 꼼꼼하게 자세히 파악하고 전략을 수립합니다. 지속적으로 매장 규모를 확장하면서, 미술관 내부에 개점하는 등 더 철저하고 집요하게 현지를 공략하겠다는 계획을 가지고 있습니다. 소비자들의 감성에 부합하는 커피를 판매하기 위한 노력이지요. 또한 스타벅스는 지리 정보 시스템GIS을 이용해 지역, 날씨, 매출, 메뉴의 상관관계도 분석하고 있습니다. 음료와 음식은 계절과 날씨에 따라 메뉴와 매출이 달라지기 때문입니다.[39] 체계적으로 정보를 수집하고 축적한 데이터를 기반으로 합리적 판단을 내리는 셈입니다. 스타벅스가 전 세계 사람들을 사로잡은 대표적인 커피 전문점으로 자리 잡을 수 있었던 것은, 감성적이고 과학적인 접근이 함께 어우러진 고도의 경영 전략 덕분 아닐까요?

야생 포유류가 없는 나라

고립된 섬이 만들어낸
조류의 천국을
위협하는 존재는?

뉴질랜드

고양이 규제법이 있는 나라?

여러분, 고양이를 좋아하나요? 작고 둥글둥글한 외모에, 보드라운 털, 그리고 주인에게 무심한 듯하면서도 어느새 다가와 꾹꾹이를 하고 어리광을 부리는 시크한 모습…. 많은 사람이 고양이에게 매력을 느끼고 키우는 이유일 것입니다. 우리나라는 물론 전 세계에서 수많은 사람이 오래전부터 고양이를 키워왔고, 최근에는 '반려동물'이라 부르면서 고양이를 단순한 동물 그 이상으로 여기는 이들이 많습니다.

그런데 '고양이 규제법'이 있다면, 믿기나요? 이 법을 만든 나라 사람들은 이토록 귀여운 고양이에게 무슨 감정이 있기에, 고양이 키우는 것을 규제하는 걸까요? 이런 법이 있는 나라는 바로 남태평양의 섬나라 뉴질랜드New Zealand입니다. 2018년 뉴질랜드 사우스랜드 지역 남부 해안에 위치한 오마우이Omaui에서는 가정에서 키우는 모든 고양이를 사우스랜드 당국에 등록하고 중성화 수술을 하며 마이크로칩을 삽입해 개체 수를 관리하는 법을 제정했습니다. 그리고 이를 준수하지 않으면 고양이를 키울 수 없도록 했지요. 또한 키우던 고양이가 죽으면 새로운 고양이 양육을 금지해, 점차 지역에서 고양이를 없애는 방향으로 나아가도록 법을 시행했습니다.[40]

고양이가 그려진 뉴질랜드의 우표

뉴질랜드 다른 도시들에서도 비슷한 방향으로 다양한 시도가 이루어지고 있습니다. 2020년 웰링턴Wellington시에서는 고양이를 집에서만 키울 것을 촉구하는 시민 운동이 있었습니다.[41] 또한 더니든Dunedin시에서는 고양이의 개체 수 및 생태계에 미치는 영향과 문제점에 대해 면밀히 조사했습니다. 그리고 집고양이가 돌아다니지 못하도록 하는 대책, 즉 목걸이 걸기, 고양이 통행금지령cat curfews, 고양이 우리catios 설치 등을 논의했습니다.[42]

뉴질랜드 사람들도 이러한 법안에 대해 찬반이 엇갈립니다. 오마우이의 고양이 규제법을 찬성하는 사람들은 매년 수십억 마리의 야생 동물, 특히 야생 새가 고양이에 의해 많이 죽는다는 점을 지적합니다. 이들은 단지 고양이를 싫어하는 것이 아니라, 자연에서 야생동물들이 보전되기를 무엇보다 희망합니다. 반면에, 고양이 규제법을 반대하는 사람들은 법이 시행되는 과정에서 의견 수렴이 부족했다고 불만을 제기하며 절차적인 문제를 지적합니다. 오마우이 주민 약 4분의 3이 해당 법안을 반대하는 서명에 참여했지만, 이 목소리가 법안에 전혀 반영되지 않았다고 비판하는 거죠. 반대 측에서도 생태 보전의 가치는 인정하지만, 주민 동의 없이 법안이 시행된다면 생태 보전을 달성하기 어려울 거라고 주장합니다.

이쯤에서 궁금해집니다. 다양한 야생 동물이 사는 생태계를 보전하려는 여론은, 전 세계 어느 나라에서나 나타납니다. 그런데 왜 뉴질랜드에서만 야생 동물 보전을 위해 고양이를 규제하는 극단적인 법이 시행된 것일까요? 뉴질랜드에서는 그렇게 반응할 만한 지리적 이유가 있는 것일까요?

남태평양의 고립된 섬나라

뉴질랜드는 오스트레일리아와 함께 오세아니아를 대표하는 나라입니다. 국토 면적은 한반도보다 조금 크고, 남섬과 북섬으로 나뉘어 있습니다. 가장 가까운 오스트레일리아는 서쪽으로 약 2,000㎞ 떨어져 있는데, 비행기를 타고 4시간 정도 걸립니다. 나머지 동, 남, 북쪽은 망망대해가 펼쳐져 있습니다. 다른 대륙으로부터 고립되어 있어 인류가 거주한 역사도 매우 짧습니다. 뉴질랜드 원주민인 마오리족이 배를 타고 바다를 건너 처음 뉴질랜드에 정착한 것은 1200~1300년으로 추정됩니다. 우리나라의 고려 시대에야 처음으로 사람이 정착했

남태평양의 고립된 섬나라, 뉴질랜드

다니, 인류의 정착이 매우 늦은 땅이었다는 것이 실감 나죠. 한마디로, 뉴질랜드에서 인류가 거주한 역사는 700여 년밖에 되지 않습니다. 마오리어로 뉴질랜드의 국명은 '길고 하얀 구름의 땅'이라는 뜻을 가진 '아오테아로아Aotearoa'인데, 그 뜻은 마오리족이 멀리서 배를 타고 오면서 본 뉴질랜드의 모습에서 유래되었습니다. 이후 17세기 네덜란드 탐험가들이 유럽인 중 처음으로 뉴질랜드 땅을 '발견'하면서 이곳에 '새로운 젤란트Nieuw Zeeland'라는 의미로 '뉴질랜드New Zealand'라는 이름을 붙였습니다.

동물지리구zoogeographical region를 이야기할 때는, 1876년 영국의 동물지리학자 앨프리드 월리스Alfred R. Wallace(1823~1913)를 빼놓을 수 없습니다. 월리스는 동남아시아와 오스트레일리아/뉴기니 간의 급격한 동물 분포 변화에 주목하면서 그곳을 '월리스 라인'으로 설정했습니다. 나아가 각 지역의 특징적인 동물상에 따라 전 세계를 6개 동물지리구로 나누었습니다.[43] 이 중 '오스트레일리아구'는 캥거루, 코알라와 같이 다른 동물지리구에서 보기 힘든 유대류가 번성하고 있는 것이 특징입니다. 유대류는 포유류 중에서 태반이 없거나 불안정한 유형으로, 성숙되지 않은 새끼를 낳아 암컷의 육아 주머니에서 키우는 동물을 의미합니다. 유대류가 유독 많은 이유는 오스트레일리아구가 약 4,000만 년 동안 다른 대륙들과 지리적으로 완벽하게 단절되어 있어, 동물들이 독자적인 진화 과정을 밟았기 때문입니다. 그래서 남아메리카 등 다른 대륙에서는 포유류에 밀려 유대류가 대부분 사라졌지만, 오스트레일리아에서는 지금까지 번성하고 있습니다.[44]

그런데 최근 몇몇 동물지리학자는 뉴질랜드를 오스트레일리아구에서 별도로 분리해 '뉴질랜드구New Zealand Region'로 부르기도 합니다.[45] 뉴질랜드가 오스트레일리아와 동물지리적으로 구분되는 증거들이 발견되었기 때문입니다. 생명체는 주어진 환경에 적응해서 살아가기 때문에, 동물의 분포는 바다, 산맥, 기후의 차이에 따라 진화 양상이 다르게 나타날 수 있습니다.[46]

4,000만 년보다 더 전, 오스트레일리아가 아시아 대륙과 연결되어 있을 때는 포유류가 아시아에서 오스트레일리아로 걸어서 건너

올 수 있었습니다. 하지만 뉴질랜드는 오스트레일리아에서 바다를 사이에 두고 약 2,000㎞ 떨어져 있었기 때문에, 포유류가 건너오는 것이 불가능했지요. 그 대신 하늘을 나는 조류가 이동해왔습니다. 다른 태평양 섬들에 비해 엄청나게 많고 다양한 조류가 말이죠. 뉴질랜드는 남태평양 섬 중에서 면적이 가장 큽니다. 고립된 섬의 규모와 위치에 따라 생물상 다양성을 분석하는 '도서생물지리학설Theory of Island Biogeography'에 따르면, 생물상의 다양성은 섬의 규모가 크고 육지에 가까울수록 커진다고 합니다.[47] 이에 근거하면 남태평양의 여러 섬 중에서 압도적으로 규모가 크고, 다른 섬들보다 오스트레일리아에 그나마 지리적으로 가까운 뉴질랜드에서 조류 종이 가장 다양한 점을 설명할 수 있습니다.

이러한 이유로 뉴질랜드는 포유류는 없지만 조류의 종 다양성이 매우 큰, 다른 지역에서 볼 수 없는 특이한 동물상을 보입니다. 특히 뉴질랜드에 정착한 새들은 포유류 천적이 없는 환경의 영향으로 날지 못하는 형태로 진화한 경우가 많습니다. 굳이 날 필요가 없었기 때문이죠. 뉴질랜드에서 날지 못하는 새는 무려 26종으로, 세계에서 가장 다양하다고 합니다. 날지 못하는 뜸부깃과 새인 '타카헤takahe', '웨카weka', 앵무과인 '카카포kakapo'가 대표적입니다. 그리고 펭귄이 날지 못하는 현재 모습으로 진화한 곳도 남극 대륙이 아닌 뉴질랜드입니다.[48] 펭귄은 남극 대륙에서만 살 것 같지만, 사실 펭귄 종의 절반 이상은 뉴질랜드에 있습니다. 뉴질랜드 펭귄 생태 투어 프로그램에 참여하면, 다양한 펭귄을 볼 수 있습니다.

뉴질랜드를
대표하는 새
키위

또한 뉴질랜드에서는 다른 어떤 대륙보다 주금류走禽類가 번성했습니다. 주금류는 타조, 에뮤, 키위, 모아 등 날지 못하고 육상에서 2족 보행을 하는 새를 의미합니다. 뉴질랜드를 대표하는 새 '키위kiwi'도 주금류이고, 과거에는 초대형 주금류인 '모아moa'가 있었습니다. 모아는 심지어 포유류의 생태적 지위ecological niche를 대체했을 정도입니다. 사슴과 같은 대형 초식 포유류가 풀을 뜯고 밟고 배변하는 등 목초지에 영향을 주는 역할을, 현재는 멸종된 모아가 뉴질랜드 일부 지역에서 수행한 것으로 추정됩니다.[49]

매년 '올해의 새'를 투표하는 나라

뉴질랜드 사람들은 자국에만 있는 고유한 새들을 자랑스러워합니다. 그래서 매년 '올해의 새Bird of the year'를 투표해, 자국의 고유한 새들을 국가적으로 소중히 여기고 보전하려 노력합니다. 2020년에는 카카포가 선정되었습니다. 카카포는 뚱뚱하고 날개가 짧아서 날지 못해 덤불 속을 헤집고 걸어다니는 특이한 앵무새입니다. 뒤뚱거리면서 걸어다니는 뚱보 앵무새라니, 신기하지 않나요? 전 세계에서 오직 뉴질랜드에만 200여 마리가 남아 있는, 멸종 위기 새입니다. 또한 2019년에 선정된 노란눈펭귄yellow-eyed penguin은 마오리족의 언어로 호이호hoiho라고 불리는데, 5NZD(뉴질랜드 달러) 모델일 정도로 뉴질랜드를 대표하는 상징 중 하나입니다. 이외에도 많은

2020년 뉴질랜드 '올해의 새'로 선정된 카카포kakapo

새가 '올해의 새'로 선정되었습니다. 그런데 이러한 새들의 공통점은, 고양이를 비롯한 수많은 외래종 포유류에 의해 생태가 위협받고 있다는 것입니다.

인간에 의해 유입된 포유류

뉴질랜드에는 야생 포유류가 없다고 했는데, 사실 현재는 고양이, 개, 양, 소, 쥐, 족제비, 포섬possum 등을 흔히 볼 수 있습니다. 이러한 동물들의 공통점은 과거부터 살아온 야생 동물이 아니라 의도적이든 비

2019년 뉴질랜드 '올해의 새'로 선정된 노란눈펭귄

의도적이든 인간에 의해 유입된 외래종exotic species이라는 것입니다. 유럽인들이 뉴질랜드에 본격적으로 자리 잡고 식민화한 19세기 이래, 뉴질랜드의 생태는 급격하게 바뀌었습니다.

유럽인들은 삶의 편의를 위해 수많은 가축을 뉴질랜드로 들여왔습니다. 특히 양, 소 등을 방목하기 위해 숲과 덤불을 제거하는 바람에 그곳을 터전 삼아 살던 많은 야생 조류가 갈 곳을 잃었습니다. 고양이, 개, 족제비, 포섬 등은 날지 못하는 새들을 너무나 쉽게 잡아먹었습니다. 포유류 포식자들을 만난 적 없던 뉴질랜드 새들은 무방비로 희생되어 멸종 위기에 내몰렸습니다. 또 쥐와 같은 동물들은 새의 알을 먹었습니다. 처음에는 동물들이 인간의 통제 범위에 있었지만, 통제 범위를 벗어난 일부 동물들이 야생으로 마구 퍼져나가면서 토착 생태계를 유린했습니다. 외래종에 의해 토착 생태계가 파괴된다는 우려는 우리나라에서도 뉴트리아 등의 사례로 경각심이 높은 편입니다. 하지만 뉴질랜드는 다른 어디에서도 볼 수 없는 고유종이 매우 많고, 그 고유종이 외래종에 의해 멸종될 위기에 처해 더욱 문제가 컸습니다.

다양한 외래종 중에서 야생 조류에게 가장 직접적인 위협이 되는 동물은 바로 고양이입니다. 고양이는 새를 먹기 위해 사냥을 하기도 하지만, 재미로 사냥하는 경우도 있기 때문입니다. 그로 인해 야생 조류는 개체 수가 감소하고 멸종 위기에 놓였습니다. 한 연구에 따르면, 고양이는 사냥한 먹이의 28%만 먹고 나머지는 가지고 논다고 합니다. 게다가 미국에서는 길고양이가 새를 연간 14억 마리 이상 죽

뉴질랜드 퀸스타운의 키위생태공원Kiwi Birdlife Park.
멸종 위기에 놓인, 뉴질랜드를 대표하는 새 '키위'를 보전하는 공원이다.

인다는 조사 결과도 있습니다. 우리 주변의 길고양이들도 예외가 아닐 것입니다. 인간에게는 귀엽기만 한 고양이가 한편으로는 수많은 새를 멸종시키는 포악한 동물이라니, 놀랍지 않나요?

고유종 조류가 많은 뉴질랜드 입장에서는 더더욱 고양이로 인해 조류가 무분별하게 멸종되는 것을 막을 필요성이 클 것입니다. 그래서 고유한 '포유류가 없는' 생태계를 지키기 위해, 수많은 반려묘 '집사'의 반대를 무릅쓰고 고양이 규제 법안을 만든 것입니다. 뉴질랜드는 이 법을 통해 자신들만의 독특한 야생을 지켜낼 수 있을까요?

자원 걱정이 없는 나라

아타카마 사막이 준 최고의 선물

칠레

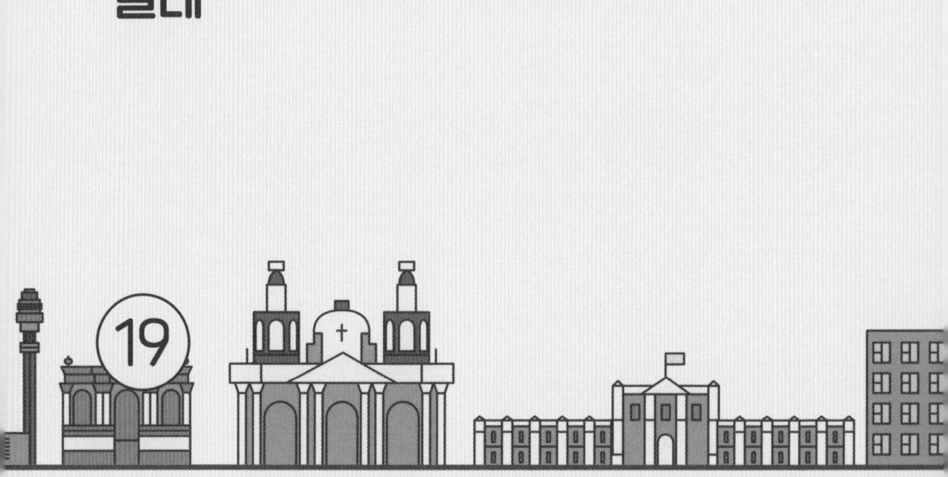

자원 때문에 전쟁도 하지만…

자원* 걱정이 없는 나라가 있을까요? '석유' 하면 사우디아라비아, 이란, 이라크 같은 서남아시아의 나라가 떠오르고, '천연가스' 하면 러시아, 노르웨이, 카타르 등이 떠오릅니다. 그 외 석탄, 철광석, 구리 등 특정 자원을 생각하면, 머릿속에 떠오르는 자원 부국들이 있습니다. 반면, 우리나라는 상대적으로 매장된 자원이 부족한 편이어서 남동 임해 지역처럼 원료 수입과 제품 수출이 유리한 해안 지역에서 공업이 발달했습니다.

우리나라를 비롯해 자원이 부족한 나라들은 해외 의존도가 높습니다. 따라서 국제 시장의 가격 변화를 예의 주시하고 수입처를 다변

* 자원은 좁은 의미로는 주로 천연자원을, 넓은 의미로는 천연자원뿐만 아니라 인적 자원, 문화적 자원 등을 포괄한다.

화하는 등 안정적인 수급을 위해 힘쓰고 있습니다. 세계 각국은 자원을 둘러싸고 보이지 않는 경쟁을 할뿐더러, 세계 각 지역에서 자원 분쟁으로 심심찮게 충돌하고 있습니다. 세계에는 자원이 풍족하지 않은 나라가 많기에, 자원 걱정이 없는 나라를 소개하고자 합니다.

천연자원 걱정을 덜어준
아타카마 사막

세계적으로 수요가 증가하는 자원을 많이 보유해, 근대 산업 발전 과정에서 성장한 나라가 있습니다. 바로 세계에서 남북으로 가장 긴 나라 중 하나로 알려진 칠레Chile입니다. 칠레는 '초석'과 '구리'라는 천연자원뿐만 아니라 아이오딘, 리튬, 레늄 등도 풍족해 광업을 국가의 주력 산업 중 하나로 성장시키며 발전해왔습니다.

칠레가 자원 부국으로 성장할 수 있었던 주요 배경 중 하나는 '아타카마 사막'이 있기 때문입니다. 사막 대부분이 칠레 북부에 자리하고 있으며, 세계에서 비가 가장 오지 않고 가장 건조한 환경을 지닌 아타카마 사막의 특수한 자연환경은 칠레가 자원 부국이 되는 밑바탕이 되었습니다.

아타카마 사막은 연 강수량이 3~15㎜에 불과한, 지구상에서 가장 건조한 사막입니다. 칠레 북부에 있는 항구 도시 아리카Arica는 평균적으로 일 년 동안 내리는 강수량이 0.76㎜밖에 되지 않습니다.

아타카마 사막의 위치 ©cobaltcigs

아타카마 사막의 위성사진 ©NASA

아타카마 사막

게다가 사막 일부 지역은 1570년부터 1971년까지 무려 400년 이상 비가 한 번도 오지 않은 것으로 밝혀지기도 했지요.[50]

이렇게 유난히도 건조한 아타카마 사막은 세 가지 요인이 모여 만들어졌습니다. 첫째, 아열대 고압대의 지속적인 영향입니다.[51] 둘째, 높은 산맥에 의해 습기 공급이 차단되는 비그늘 사막 유형이기 때문입니다. 위도상으로는 무역풍대에 위치하지만 동쪽에 해발 고도 5,000m가 넘는 안데스산맥이 있어 강한 바람이 불지 않습니다. 셋째, 적도를 향해 흐르는 강력한 한류인 훔볼트 해류의 영향입니다. 해류의 영향으로 해안 지역에 안개가 형성되기는 하지만, 이 안개 역시 해발 고도가 1,500m에 이르는 해안 산맥을 넘지 못하기 때문에 해안가에만 제한적으로 영향을 미칩니다. 어찌 되었든 아열대 고압대, 안데스산맥에 의한 비그늘 효과, 훔볼트 해류가 계속해서 영향을 미치기 때문에 아타카마 사막은 건조하고 건조하고 또 건조합니다.

칠레의 자원 이야기에서 빼놓을 수 없는 두 가지는 '초석'과 '구리'입니다. 아타카마 사막 특유의 바다와 바람과 지형과 햇빛이 만들어낸 '초석硝石, saltpeter'[52]은 성분상 비에 쉽게 녹는데, 강수량이 극도로 적은 아타카마 사막의 기후 환경은 채굴한 초석을 보존하기에 완벽한 조건이 되었습니다.[53] 또한 '구리'는 신생대 제3기에 활발했던 화산 활동과 세계에서 가장 건조한 환경을 지닌 아타카마 사막의 합작품입니다.

초석으로 높은 경제 성장률을 자랑하게 된 것은 덤

칠레는 초석 덕분에(?) 남북으로 더 길어진 나라입니다. 1879년 칠레와 페루-볼리비아 동맹군 사이에 태평양 전쟁War of the Pacific*이 벌어졌습니다. 아타카마 사막에 많이 매장되어 있는 초석이 원인이었습니다. 초석은 질산칼륨이 주성분인 광물로, 당시 화약의 원료이자 천연 질산 비료의 원료로 쓰였습니다.

아타카마 사막의 주요 초석 지대인 리토랄Litoral 지역은 원래 볼리비아의 영토였습니다. 그런데 자본과 인력이 부족해, 1874년에 25년간 면세 혜택을 제공하는 조건으로 칠레와 조약을 체결하고 투자를 유인했습니다. 칠레의 많은 기업이 리토랄 지역에 진출해 광산 개발에 나섰지요. 그런데 1878년 볼리비아는 통한의 역사가 된 결정을 하고 맙니다. 연이은 내정 실패로 경제적 혼란이 발생하자 조약을 무시하고 세금을 부과했습니다. 당연히 칠레인들은 납세를 거부했고, 볼리비아는 그들의 자산을 압류했습니다. 이에 격분한 칠레가 1879년 2월 14일 초석 집산지인 안토파가스타Antofagasta항에서 군사적 행동을 취하며 시작된 것이 태평양 전쟁입니다.

* 남미 태평양 전쟁이라고도 하며, 초석이 전쟁의 원인이 되었기 때문에 초석 전쟁이라고도 한다. 우리가 알고 있는 제2차 세계 대전의 태평양 전쟁은 영문명으로 'Pacific War'이다.

전쟁 이전 볼리비아의 리토랄 지역이 표시된 지도

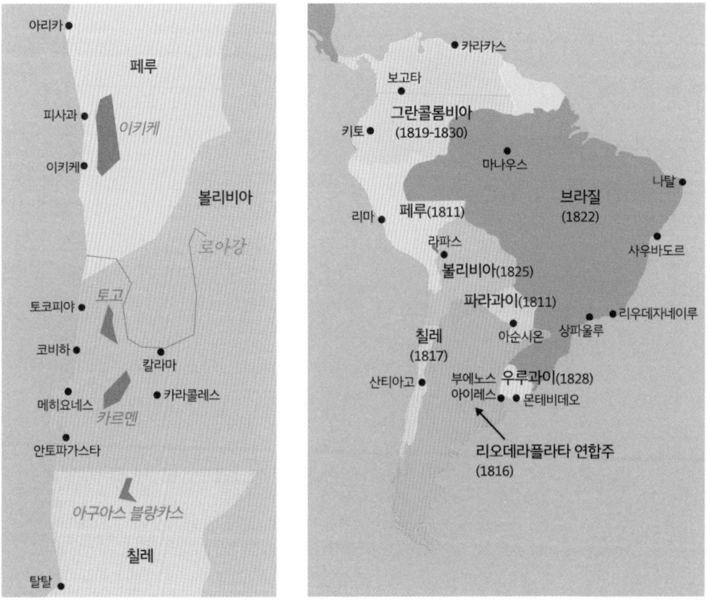

전쟁 이전 국경과 초석의 주요 매장 지역(오른쪽 지도 괄호안 연도는 해당 국가의 독립년도임)

볼리비아의 동맹국인 페루도 참전했으나 칠레가 전쟁에서 승리하면서 페루로부터 이키케Iquique가 속한 타라파카Tarapacá 지역 및 아리카*를, 볼리비아로부터 안토파가스타, 칼라마Calama 등이 속한 리토랄 지역**을 병합했습니다. 본래 페루와 볼리비아 땅이었던 아타카마 사막 상당 부분이 칠레 소유가 된 것입니다.

'움베르스톤과 산타라우라 초석 작업장Humberstone and Santa Laura Saltpeter Works'에서는 1880년부터 약 60년 동안 수천 명의 노동자가 초석을 채굴·가공해 만든 비료를 북아메리카와 남아메리카, 유럽 등지로 수출했습니다. 이는 인공 질소 비료가 개발되기 전까지 농업 생산량을 획기적으로 늘려준 당시 최고 비료였기에, 19세기 이후 늘어나는 인구로 식량난이 심각했던 유럽에 주로 수출되었습니다. 결국, 페루가 넘긴 타라파카 지역은 칠레에 막대한 부를 안겨준 셈이죠.

페루보다 더 뼈아픈 나라는 볼리비아입니다. 칠레에 리토랄 지역을 넘긴 볼리비아는 태평양으로 진출할 수 있었던 나라에서 바다가 없는 나라로 바뀌었습니다. 게다가 자원 보물 창고를 잃었습니다. 과거에는 초석 때문에 속이 쓰렸는데, 1930년대 이후부터는 구리의 자원적 가치가 높아지면서 더욱 마음이 아팠습니다. 현재 칠레 안토파가스타 지역에 해당하는 리토랄 지역에는 엄청난 양의 구리가 매장되어 있었기 때문입니다. 오늘날 칠레의 구리는 전 세계 매장량의 약

* 페루의 모케과Moquegua 지역은 페루가 관할하는 타크나Tacna와 칠레 영토로 편입된 아리카로 분리되었다.

** 리토랄 지역은 현재의 칠레 안토파가스타 지역에 포함된다.

22.9%, 생산량의 약 28.5%를 차지(2020년 기준)[54]할 정도이니 볼리비아가 칠레를 바라보는 시선을 짐작할 만합니다.

전쟁은 칠레가 시작했지만, 당장 눈앞에 보이는 이익에 현혹되어 조약을 무시한 볼리비아가 명분을 제공했습니다. 전쟁 결과는 오늘날 볼리비아를 남아메리카 최빈국으로, 칠레를 남아메리카 최고 경제 강국으로 만들었습니다. 칠레는 2010년에 남아메리카 최초로 경제 협력 개발 기구OECD에 가입했고, 세계 경제 포럼WEF에서 발표하는 국가 경쟁력 순위에서도 역내 1위를 차지하고 있습니다.

초석이 자원으로서의 가치를 지니기 전에 아타카마 사막의 초석 지대는 아무도 관심을 갖지 않는 황량한 사막에 불과했습니다. 그러나 아타카마 사막의 초석 지대는 누구나 탐내는 곳이자 볼리비아가 치명적 오판을 한 계기가 되었습니다. 결국 아타카마 사막의 초석은 칠레가 남북으로 더욱 긴 나라가 될 수 있게 해주었고, 덤으로 초석으로 시작된 높은 경제 성장률과 함께 경제 강국으로 한 걸음 더 도약할 수 있게 해주었습니다.

구리 덕분에 남아메리카에서 손꼽히는 강대국이 되었지만

과장해서 아타카마 사막을 파면 구리가 나온다고들 합니다. 칠레의 주요 광산은 아타카마 사막의 안토파가스타 지역에 집중적으로 분

유네스코 세계 유산으로 등재된 움베르스톤과 산타라우라 초석 작업장 ©rewbs.soal

포해 있습니다. 볼리비아가 속 쓰릴 만도 합니다. 구리는 전기와 열이 매우 잘 통하기 때문에 전선 재료로 쓰여왔고, 최근에는 반도체의 금속 배선 원료로 이용되고 있습니다. 정보 통신 기술이 발전하는 데 반드시 필요한 자원이지요. 따라서 구리는 칠레의 핵심 수출 자원으로서 국가 경제에 큰 도움을 주고 있습니다. 시장조사기관인 트레이딩 이코노믹스Trading Economics에 따르면 2019년 기준 칠레의 수출품은 구리 및 광석 제품 51.0%, 과일 및 견과류 9.5%, 수산물 8.3%, 기타 31.2%입니다. 칠레 GDP의 10%를 차지하는 광업에서 구리는 9%를 차지합니다. 즉, 구리를 중심으로 한 광업은 칠레의 주력 산업이라 할 수 있습니다.

1990년대까지 세계에서 구리를 가장 많이 생산한 광산은 칼라마의 '추키카마타 광산'이었습니다. 트럭이 채굴한 구리 광석을 싣고 다시 올라오는 데만 꼬박 한 시간이 걸린다는 이 광산은, 길이가 서울 잠실 대교의 4배 정도인 5㎞, 파낸 깊이가 잠실 롯데타워 높이의 2배 정도인 1.1㎞에 이르는 세계에서 가장 큰 노천 광산입니다. 현재 세계에서 구리를 가장 많이 생산하는 광산 타이틀은 2019년에만 118.7만 톤이라는 압도적인 생산량을 기록한 칠레의 '에스콘디다 광산'이 넘겨받았습니다.[55] 그런데 칠레의 구리 광산은 누구의 것일까요? 적어도 구리라는 자원 걱정은 하지 않을 칠레는 그만큼의 경제적 부를 누리고 있을까요?

칠레의 국영 기업 코델코Codelco는 추키카마타 광산을 포함해 7개의 구리 광산을 운영하고 있습니다. 칠레의 자부심이자 칠레 정부의 가장 중요한 재원이지요. 그런데 추키카마타 광산이 처음부터 칠레의 것은 아니었습니다. 1915년 미국인들이 개발하기 시작했습니다. 1923년에 광산을 인수한 미국의 광산업체 아나콘다Anaconda Copper는 1957년에 대규모 광상鑛床이 발견되자 개발에 더욱 박차를 가했지요. 살바도르 아옌데Salvador Allende(1908~1973) 대통령*이 1971년에 광산을 국유화하고 코델코가 운영을 맡기 전까지 상당한 진통을 겪었습니다. 플랜테이션처럼 미국인이 소유주가 되어 미국의 자본과 기술로 개발하고, 칠레의 국민들이 광산 노동자로 일했습니다. 따라서 칠레 정부와 칠레 노동자에게 돌아오는 돈은 얼마 되지 않았습니다.[56] 빈부 격차가 심한 칠레의 현실을 개혁하려다 미국 및 보수파의 반발과 군부 쿠데타로 생을 마감한 아옌데 대통령은, 그래서 칠레 국민들에게 비운의 대통령으로 기억됩니다.

현재 최대 구리 생산량 규모를 자랑하는 에스콘디다 광산의 대주주는 외국 기업인 BHP입니다. 세계 최대 광산업체로 2001년 오스트레일리아의 브로큰힐 토지회사Broken Hill Proprietary Company와 영국의 빌리턴Billiton사가 합병한 기업이지요. 다국적 기업의 해외 직접 투자가 투자 유치국에 미치는 긍정적인 영향도 많지만, 부정적인 영향도 있습니다. 2021년 코로나19 회복 국면에서 구리 수요가 급증하자 BHP는 광산 운영을 멈추지 않고, 오히려 팬데믹을 고려해

* 칠레의 소아청소년과 의사 출신 정치인으로 칠레 제28대 대통령이다. 1970년 대통령 선거에서 36.6%의 득표율로 승리해 라틴 아메리카에서 최초로 민주 선거를 통해 집권한 사회주의 정당의 대통령이 되었다.

칠레의 주요 광물 생산량 및 생산 점유율(2020)[57]

자원	주요 용도	생산량 (단위: 톤)	생산 점유율 (전 세계 대비)	생산량 세계 순위
구리 (Copper)	전자 회로, 전선, 합금, 동전, 송수관, 악기 등	5,700,000	28.5%	1
아이오딘 (Iodine)	소독약, 살균제, 할로젠 램프, 식용 색소 등	20,000	66.6%	1
리튬 (Lithium)	리튬이온 전지, 방탄막, 조울증 치료제, 비행기 등	18,000,000	21.9%	2
은 (Silver)	귀금속, 합금, 나노 물질, 땜납, 악기 등	1,300	5.2%	6
레늄 (Rhenium)	고온 초합금, 높은 효율의 가솔린을 만드는 옥탄가 촉매, 보석 도금 등	30	56.6%	1
몰리브데넘 (Molybdenum)	합금, 생체 효소, 비료 등	58,000	19.3%	2

칠레 광산별 구리 생산량 및 점유율(2019)[58]

구리 광산	대주주	생산량 (단위: 천 톤)	생산 점유율
엘 테니엔테(El Teniente)	코델코	459.7	7.9%
추키카마타(Chuquicamata)	코델코	385.3	6.7%
라도미로 토믹(Radomiro Tomic)	코델코	266.4	4.6%
안디나(Andina)	코델코	170.3	2.9%
미니스트로 헤일스(Ministro hales)	코델코	151.8	2.6%
미네라 가비(Minera Gaby)	코델코	104.1	1.8%
살바도르(Salvador)	코델코	50.6	0.9%
코델코(Codelco)의 생산량 및 생산 점유율		**1,706.2**	**27.4%**
에스콘디다(Escondida)	BHP	1,187.8	20.5%
콜라후아시(Collahuasi)	Anglo American plc y Glencore	565.4	9.8%
앵글로 아메리칸 수르(Anglo American Sur)	Anglo American plc	389.2	6.7%
로스 펠람브레스(Los Pelambres)	Antofagasta Minerals	375.9	6.5%
센티넬라(Centinela)	Antofagasta Minerals	195.5	3.4%
기타 광산의 생산량 및 생산 점유율		1,367.4	25.7%
합계		5,787.4	100%

작업 인원을 줄여 운영했습니다. 노조는 이 때문에 작업 시간이 늘어 정당한 보상이 이뤄져야 한다고 주장하며 파업을 결의했죠.

"기적이 된 실화, 지하 700m에 매몰된 광부 33인, 69일 만에 전원구조"라는 타이틀로 홍보하며 2015년에 개봉한 영화 〈33인〉은 2010년 산호세 광산에서 발생한 칠레 광부 매몰 사건을 소재로 하고 있습니다. 아름다운 감동 드라마처럼 보일 수 있지만, 현실에서는 광부들의 고통스러운 현실과 고질적인 사회 구조적 문제가 산적해 있습니다. 왜 광부들은 사막 한가운데 지하 700m까지 내려간 것일까요? 구리 광석을 지속적으로 생산하려면 더욱더 깊이 파고 들어갈 수밖에 없기 때문입니다. 삶의 대부분을 컴컴하고 숨 막히는 광산 안에서 보내는 광부들도 있습니다. 변변치 못한 대우를 받으며 사고로 다치거나 사망자가 나오는 것이 현실입니다. 진폐증 같은 후유증을 얻는 사람도 많습니다.

자원 걱정 없던 칠레의 미래는

우리나라와 같이 자원이 부족한 나라 입장에서, 칠레와 같은 자원 걱정 없는 나라는 부럽기만 합니다. 초석은 칠레가 과거 경제 발전을 이루는 데 중요한 역할을 했고, 구리는 칠레가 남아메리카 최고 강국으로 우뚝 설 수 있도록 해주었습니다. 그러나 칠레는 구리에 대한 의존도가 높아 구리의 국제 시세나 수요 변화 등이 국가 경제 상황에 큰 영향을 미치며, 심각한 빈부 격차와 고질적인 실업 문제 또한 해결해야 할 당면 과제입니다.

한 나라에 풍족한 자원이 있다는 것은 큰 축복이지만, 자원의 개발 과정과 고른 분배, 사회 구성원들을 따뜻하게 돌보는 복지 시스템 또한 중요합니다. 그리고 특정 자원에 의존하지 말고 신산업 분야에 적극적으로 투자해 보다 건강한 국가의 미래를 그려나가는 것도 중요합니다. 고른 분배와 생산적 투자 및 기술개발을 통해 더욱 성숙해질 칠레의 미래를 기대해봅니다.

이름을 마음대로 지을 수 없는 나라

이름에서부터
지배당한
역사를 지우다

아제르바이잔

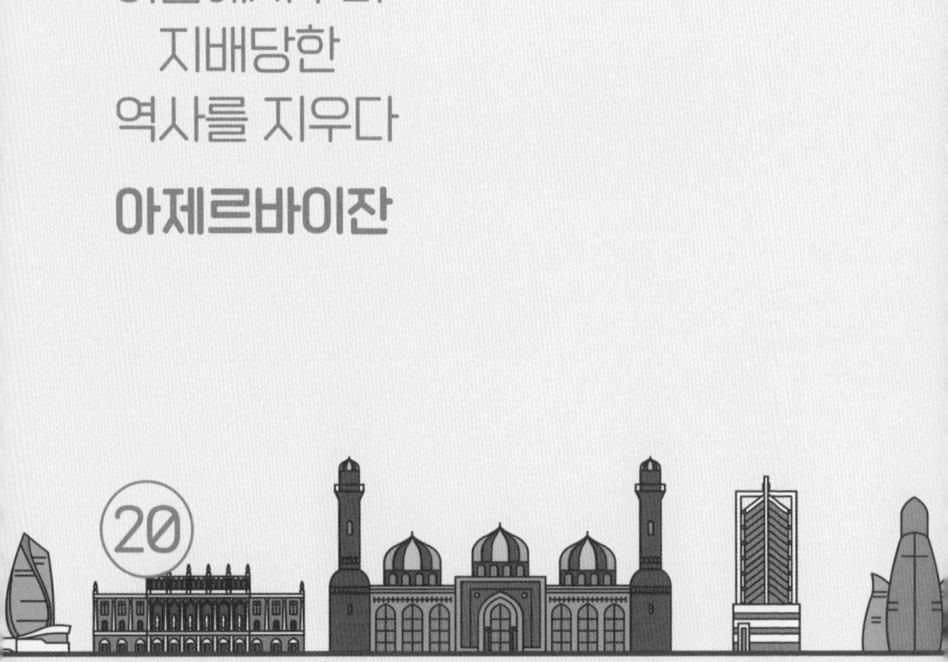

왜 아이의 이름을 국가가 통제하지?

여러분의 이름은 누가 지어주셨나요? 보통 부모님이나 조부모님이 지어주셨을 거예요. 설레는 마음으로 좋은 뜻의 글자를 찾아보며, 매우 행복한 고민의 나날을 보내셨을 겁니다. 한편으로 이름은 시대적, 문화적 트렌드를 담기도 합니다. 특정 시대에 유행하는 이름이 있다는 것인데, 여러분의 반 친구들 이름을 떠올려보면 똑같은 경우가 종종 있지 않나요? 행복한 고민의 밤을 지새운 이름이든 시대의 흐름에 맞는 트렌디한 이름이든 가족이 결정한다는 것에는 변함이 없지요.

그런데 만약 아이의 이름을 가족이 원하는 것으로 짓지 못한다면 어떨까요? 새로 태어난 아이의 이름을 정부가 규제한다면 말이에요. 하지만 이미 세계 많은 나라에서 특정한 이름을 금지하고 있습니다. 스웨덴에서는 'Brfxxccxxmnpcccclllmmnprxvclmnckssqlbb11116' 이라는 이름이 법원에서 거부당한 적이 있고, 불쾌감을 주거나 특수

문자 등이 포함된 이름은 대부분 아이의 삶을 생각해 정부에서 허락하지 않습니다. 아무리 국가가 국민의 생명과 안전을 지켜주는 주체라고 해도, 개인의 이름까지 사사건건 간섭하는 것은 지나치다는 생각도 듭니다.

한편 정부가 규제하는 특정 이름이 우리나라를 강제로 지배하고 괴롭혀왔던, 그래서 우리가 배척해야 할 대상이라면 생각이 달라질 것 같기도 합니다. 여러분이 한국사 시간에 배웠을 '창씨개명'이 그 예입니다. 일제 강점기에 우리 선조들이 일본의 정책에 의해 일본식 이름을 강요받은 슬픈 역사가 있었어요. 일제 강점기가 끝나고, 우리나라 사람들은 '일제 잔재 청산'을 위해 일본식 이름을 다시 우리 이름으로 고쳤습니다. 그런데 이러한 치욕스러운 과거를 잊고, 광복 이후에도 여전히 아이들에게 일본식 이름을 지어준다면 문제라고 느끼지 않을까요? 정부에서 아이에게 이름을 마음대로 붙일 수 없게 규제하고, 민족의 정체성이 드러나는 이름을 가질 수 있게 만들어야 하는 것 아닌가 싶은 생각도 듭니다.

이처럼 아이의 이름을 마음대로 짓지 못하도록 규제하는 나라는 바로 '아제르바이잔Azerbaijan'이랍니다. 아제르바이잔에서는 2013년에 러시아식 이름을 제한하는 정책이 실시되었습니다. 실제로 2019년 9월 아제르바이잔의 '전문용어 위원회'는 아제르바이잔 부모가 자녀의 이름을 타티아나로 지으려고 하자, 러시아식 이름이라는 이유로 거부했다고 해요. 그리고 이렇게 결정한 이유를 "언어 순결을 위한 투쟁"이라고 말했다네요. 이 외에 마리아, 예카테리나, 올리야, 알리아 등의 이름도 규제 대상이라고 합니다. 아제르바이잔과 러시아는 어떤 관계일까요? 우리나라와 일본의 관계와 유사한 부분이 있을까요?

강대국들 사이에 위치한 나라

아제르바이잔은 우리에게 익숙하지 않은 나라입니다. 같은 유라시아 대륙에 있지만, 6,000*km* 넘게 떨어져 있답니다. 북쪽과 서쪽으로는 험준한 캅카스산맥에 접하고, 동쪽으로는 세계에서 가장 큰 호수이자 바다가 아님에도 염도가 높아 마치 바다와 같이 여겨지는 카스피해를 끼고 있습니다. 아제르바이잔은 남한보다 면적이 조금 작고, 인구도 1,000만 명 정도 되는 나라입니다. 아제르바이잔은 '동유럽'으로 분류되기도, '서남아시아'로 분류되기도, '중앙아시아'로 분류되기도 합니다. 우리나라는 동아시아로 분류되는 데 이의가 없는데, 이 나라는 왜 이렇게 다양하게 분류될까요?

단순히 지리적 위치만으로 아제르바이잔의 지역 구분을 결정지을 수 없는 이유는 각 지역의 경계 지대에 위치하고, 주변 강대국인 터키, 이란, 러시아 등의 영향을 오랫동안 번갈아 받아 사회적·문화적 특성이 다양하기 때문입니다. 아제르바이잔은 과거 오스만 제국의 지배를 받았습니다. 오스만 제국의 계승국인 터키는 아제르바이잔과 민족적으로 유사한 튀르크 민족이고, 언어적으로도 터키어와 아제르바이잔어가 유사하다고 합니다. 종교적으로는 이슬람교라는

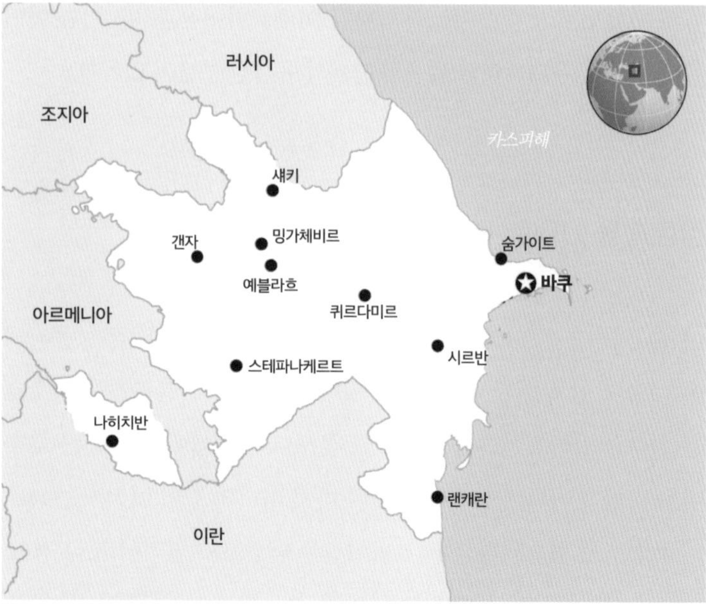

아제르바이잔과 주변국

아제르바이잔의 위치와 카스피해

공통점이 있어, 현재도 아제르바이잔은 터키와 '형제 국가' 관계를 유지하고 있습니다.

또한 서남아시아 이란(과거 페르시아)의 영향도 오랫동안 받아, 아제르바이잔에서는 이슬람교 중 수니파가 아닌 시아파가 주류를 이루고 있습니다. 사실 아제르바이잔 인구의 90% 이상을 차지하는 '아제리인'은 아제르바이잔뿐만 아니라 이란 영토 내에도 1,000만 명 정도가 살고 있습니다. 약 2,000만 명의 아제리인은 북쪽의 아제르바이잔, 남쪽의 이란에 반씩 살고 있는 셈입니다.

하지만 가장 최근에 아제르바이잔을 지배한 외부 강대국이었고, 현재까지도 아제르바이잔 영토에 가장 중요한 역할을 한 나라는 러시아입니다. 아제르바이잔은 19세기부터 20세기 후반에 러시아 제국에서 소비에트 연방에 이르기까지, 러시아 민족이 세운 두 강대국의 지배를 오랫동안 받았습니다. 러시아와 아제르바이잔은 민족적 특성도 상이하고, 종교도 크리스트교(동방정교)와 이슬람교로 다르며, 언어도 다릅니다. 하지만 아제르바이잔은 1세기 이상 러시아의 강력한 제국 체제의 지배를 받았고, 1990년대 탈냉전 이후 독립 국가가 된 지 겨우 30여 년밖에 되지 않았습니다.

애증의 러시아

러시아 제국 지배기였던 19세기 중반, 아제르바이잔의 수도 바쿠 일

바쿠 최초의 유전

나고르노카라바흐 분쟁 당시 아제르바이잔 군대

대에서 석유가 발견되었습니다. 변변찮은 자원과 농토가 없던 아제르바이잔이 부를 축적하고 근대화가 이루어진 것도 모두 러시아 지배 시기, 석유를 생산한 이후 일입니다. 이 석유에 힘입어, 아제르바이잔은 1898~1901년에 잠시나마 당시 최대 산유국이었던 미국을 앞지르고 세계 1위 산유국 지위를 누리기도 했습니다.

하지만 이러한 부와 근대화가 아제르바이잔의 다수 평범한 사람들까지 부유하게 만들지는 못했습니다. 그 이유는 아제르바이잔과 비슷한 시기에 러시아의 지배를 받은 인접국 아르메니아 때문입니다. 아르메니아인들은 예로부터 상업과 무역에 밝아, 석유 산업이 급성장하자 아제르바이잔에 진출했습니다. 러시아는 같은 동방정교 계열의 크리스트교 신자가 많은 아르메니아인을 석유 산업의 중간 관리자로 중용하는 경우가 많았습니다. 이 때문에 아제르바이잔인들은 자신들의 땅에서 석유가 나는데도 불구하고 단순 노동에 종사해, 석유 생산으로 인한 이익이 아제르바이잔인에게 돌아오지 않았습니다. 이 시기부터 아제르바이잔은 러시아인에게 감정이 좋지 않았고, 아르메니아인에 대해서도 '러시아의 앞잡이'라는 감정을 느끼지 않았을까 싶습니다.

특히 아제르바이잔과 아르메니아는 영토로 인한 감정의 골이 깊습니다. 1920년대 소비에트 연방의 이오시프 스탈린Iosif Stalin(1878~1961)에 의해 아제르바이잔과 아르메니아 영토의 경계가 확정되었는데, 이때 두 나라 사이에 있는 '나고르노카라바흐' 지역이 어디에 귀속되느냐를 두고 의견이 엇갈렸습니다. 이곳은 아르메니아인이 많이 살던 지역이지만 아제르바이잔 영토 내에 고립되어 있어, 두 나라 모두 자신들의 영토에 포함되기를 원했습니다.

그래도 소비에트 연방 내 자치공화국으로 있을 때는 갈등이 표면화되지 않았지만, 1990년대 소비에트 연방이 해체되면서 냉전 시대cold war가 끝나고 두 나라가 각각 독립하는 과정에서 몇십 년 동안 잠재되어 있던 갈등이 폭발했습니다. 두 나라는 1990년대부터 '나고르노카라바흐 지역을 둘러싸고 전쟁을 벌여, 최근까지도 휴전과 전쟁을 거듭하는 상황이 이어지고 있습니다. 세계가 코로나19의 범유행으로 혼란스러웠던 2020년에도 큰 규모의 무력 충돌이 발생했습니다. 아제르바이잔인들은 1세기 이상 악연이 이어지고 있는 아르메니아인들을 원수처럼 생각하고, 이러한 일들이 러시아 지배 시기에 일어났기 때문에 러시아에 대해서도 감정이 좋지 않습니다.

'탈러시아' 정책의 일환?!

1991년 소련으로부터 독립한 아제르바이잔은 러시아와의 관계에서 벗어나, 독립 국가로서의 정체성을 바로잡고 싶어 했습니다. 민족주의와 민족의식 고양 정책을 실시하는 과정에서 '범튀르크주의'를 내세우면서 터키와의 유대를 강조하고 관계를 강화하려 노력했습니다.[59] 이로써 러시아의 반발을 초래해 아제르바이잔이 외교적으로 고립되는 위기에 놓이기도 했지만, 아제르바이잔이 서유럽이나

카스피해 아래에 있는 석유를 채굴하기
위한, 아제르바이잔 바쿠 인근의
펌프와 굴착 장치

터키 대통령 레제프 에르도안(좌)과 아제르바이잔 대통령 일함 알리예프

미국과 연결되는 계기가 되었습니다. 아제르바이잔의 석유 자원 개발에 관심을 가진 미국 및 서방 석유 기업의 참여로 BTC(바쿠-트빌리시-제이한) 파이프라인이 건설되기도 했습니다. 즉, 아제르바이잔의 석유 자원을 러시아가 아닌 서유럽 국가들에 직접 공급하도록 하는 경로를 확보하면서, 아제르바이잔에서 '탈러시아'가 가속화된 셈입니다.

앞에서 아제르바이잔과 러시아의 관계를 한국과 일본에 비유했지만, 두 관계가 완전히 같은 맥락은 아닙니다. 일본이 우리나라를 지배한 기간은 36년이고, 러시아가 아제르바이잔을 지배한 기간은 100년 이상으로 훨씬 깁니다. 오랜 러시아 지배 시기에 수많은 아제르바이잔 사람이 러시아에 유학 가서 출세하기도 하고, 러시아어와 러시아 문화에 점차 동화되고 익숙해졌습니다. 현재도 아제르바이잔인의 많은 성씨가 -ov, -ova, -yev 또는 -yeva로 끝나는데, 이는 러시아의 영향을 받은 탓입니다. 심지어 10년 동안 재임한 초대 대통령 '헤이다르 알리예프Heydər Əliyev/Heydar Aliyev'와 그 뒤를 이어 2003년부터 지금까지 독재하고 있는 그의 아들 '일함 알리예프Ilham Əliyev/Ilham Aliyev'의 성씨도 -yev로 끝납니다.

그러나 동시에 아제르바이잔 정부는 자신들의 정체성을 지키기 위한 '탈러시아' 정책을 실시하기도 합니다. 그것이 바로 아제르바이잔 정부에서 아이의 이름을 러시아식으로 짓는 것을 규제하는 정책입니다. 이러한 정부 정책은 아제르바이잔인들의 민족주의적 정체성에도 영향을 미칩니다. 유럽 안보 협력 위원회Commission on Security and Cooperation in Europe, CSCE에 따르면 아제르바이잔에서는 러시아인 또는 러시아어를 사용하는 이들에 대해 사회적 차원의 적대감이 존재한다고 합니다.[60] 아제르바이잔에 살고 있는 아제르바이잔 사람들에게 내부적으로 통일성을 강화하기 위한 정책이, 거꾸로 아제르바이잔에 살고 있는 러시아인 등 소수 민족을 배타적으로 대하게 만든 셈입니다.

아제르바이잔의 '탈러시아' 정책은 명분이 충분한가요? 그리고 실제적으로 성공할 수 있을까요? 국민들의 감정과 반응을 충분히 담은 정책인지, 아니면 그저 다수인 아제르바이잔인에게 호소하는 정치적 구호 중 하나에 불과한지 생각해볼 일입니다.

소고기를 좋아하는 사람이 없는 나라

힌두교만을 위한 나라가 아니다

인도

인도에 대해 잘못 알고 있는 것

한 설문 조사에서 "(자신이 돈을 내지 않는) 회식 자리의 대화를 없애버릴 정도로 선호하는 고기는?"이라고 물었습니다. 이 중 소고기가 65.1%의 압도적인 선택을 받았습니다. 그다음은 돼지고기(15.2%), 해산물(9.1%), 닭고기(5.3%), 오리고기(3.7%) 순이었습니다. 이는 회식 자리에 돼지고기가 등장하면 소고기에 비해 비교적 대화가 많이 오갈 수 있다는 것을 보여줍니다(?).[61] 뜬금없지만, 질문을 하나 해볼까요? "소고기를 못 먹는 사람이 가장 많이 사는 나라는?" 그럼 여러분은 한목소리로 "인도India!"라고 답할 거예요. 그렇다면 다음 질문에 답해봅시다.

Q1. 인도 사람들은 민족 종교인 힌두교만을 믿는다?

Q2. 힌두교는 모든 소를 숭배한다?

Q3. 따라서 인도에는 소고기와 관련된 음식이 없다?

《팩트풀니스FACTFULNESS》의 저자 한스 로슬링Hans Rosling은 '13개'의 질문을 통해 우리가 세상을 왜곡해서 바라보고 있다는 메시지를 전달합니다. 어찌 보면 그만큼이나 사람들은 '인도에 대해 모르는 것보다 잘못 아는 것'이 더 많을지도 모릅니다. 생각보다 훨씬 넓고 깊게 우리는 인도에 대해 잘못 알고, 왜곡된 시각으로 바라보고 있습니다.[62] 그 대표적인 것 중 하나가 '인도와 소' 이야기입니다.

영화 〈호텔 뭄바이〉의 장면은 옳은가?

2018년에 개봉한 〈호텔 뭄바이Hotel Mumbai〉는 2008년 11월에 발생한 인도 뭄바이 연쇄 테러 사건을 모티브로 제작된 영화입니다. 여기서 잠깐, 영화의 일부 내용을 소개해볼게요(스포일러가 아니에요). 주인공 미국인 남편(데이비드)과 인도인 아내(자흐라)는 테러범의 공격이 있기 전 뭄바이 최고급 호텔인 타지의 레스토랑에서 식사를 하는데, 데이비드는 그곳에서 어울리지 않는 음식을 주문합니다. "치즈버거 주세요. 소고기beef 들어간 것으로요." 그러자 자흐라는 "이 나라에는 소고기가 없잖아요, 소cow를 신성시하니까요"라며 남편을 나무랍니다. 데이비드는 깜빡했다며 웨이터에게 사과하지요.

그런데 영화를 본 관객 중에 이 레스토랑 에피소드가 다소 어색

'소고기'가 없는 것에 대한 대화를 나누는 <호텔 뭄바이>의 한 장면

하다고 느낀 사람도 있을 거예요. 여러분은 해당 에피소드에서 어색한 부분을 발견했나요? 영화를 보며 다음과 같이 생각한 관객도 있었을 거예요. 오스트레일리아 사람인 앤서니 마라스 감독에게는 '인도 = 힌두교 = 소고기를 먹지 않는 나라'라는 등식이 세워져 있는 것 아닐까? 하고 말이죠.

사실, 소고기를 먹는 인도인은 많다

인도는 인구가 얼마나 될까요? 2020년 기준 약 13억8,000만 명입니다.[63] 그렇다면 인도 사람들은 민족 종교인 힌두교만 믿을까요? 정답은 '그렇지 않다'입니다. 인도 사람들은 다양한 종교를 믿으며, 주요 종교의 신자 수는 힌두교, 이슬람교, 크리스트교, 불교 순으로 많습니다.

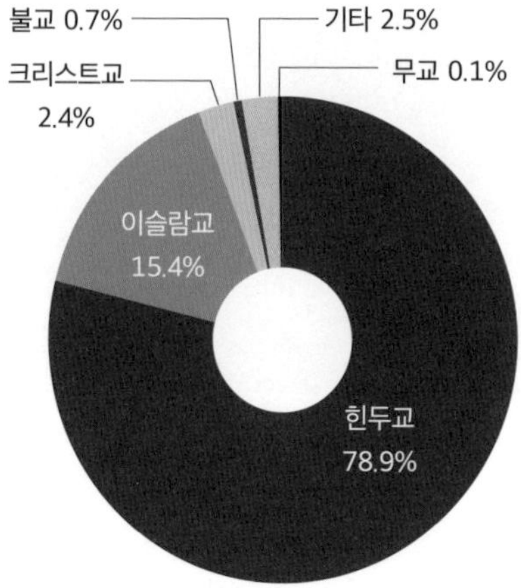

인도의 종교별 신자 수 비율(2020, 퓨 리서치 센터)

그렇다면 인도에는 힌두교도가 얼마나 될까요? 약 10억9,000만 명(총인구의 약 78.9%)이라고 합니다. 그런데 잠깐, 우리가 생각해봐야 할 것이 있어요. 인도의 총인구는 세계에서 두 번째로 많습니다. 인도 총인구의 단 1%라 해도, 그 수는 우리나라 총인구의 약 4분의 1보다 조금 많은 1,380만 명에 달합니다. 뒤집어서 생각해보면 다음과 같은 단순한 추론도 가능합니다. '그렇다면 나머지 3억 가까운 비힌두교도들은 소고기를 먹을 수도 있지 않을까?'

인도의 무슬림*이 차지하는 비율은 약 15.4%입니다. 이 비율은

* 무슬림muslims은 사전적 정의로 '신께 복종하는 자'이며, 정확한 의미는 '유일한

낮아 보이지만, 그 수는 자그마치 약 2억 1,000만 명에 달합니다. 이는 인도네시아의 무슬림 약 2억 3,000만 명에 이어 세계에서 두 번째로 많은 수입니다. 무려 우리나라 총인구의 4배에 달합니다!

이슬람교는 쿠란의 말씀에 따라 돼지고기를 금기시하지만, 소고기는 금기시하지 않습니다. 인도에는 '아침'이라는 뜻을 가진 니하리 Nihari라는 스튜 요리가 유명합니다. 16세기 초에서 19세기 중반까지 인도의 마지막 이슬람 제국인 '무굴 제국' 시절 소고기나 양고기에 향신료를 넣고 푹 끓여 아침 식사로 먹은 수프가 시초지요. 또한 소족발을 삶은 파예Paye 역시 무슬림의 대표적인 소고기 요리입니다.[64] 이슬람교도뿐만 아니라 크리스트교도 또한 소고기를 먹지요. 그렇다면 두 종교의 신자 수만 고려하더라도 인도에는 약 2억 5,000만 명 가까운 사람이 소고기를 먹는다는 이야기가 됩니다.

마하트마 간디Mahatma Gandhi는 "인도는 힌두교만을 위한 나라가 아니다"라고 말했습니다. 우리는 인도에서 힌두교도가 80% 정도라는 것을 보며, 모든 인도인은 소고기를 먹지 않는 것으로 생각해왔는지도 모릅니다. '인도 = 힌두교 = 소고기를 먹지 않는 나라'라는 등식을 갖고 말이지요. 또한 인도에 대한 왜곡은 소고기뿐만이 아닐 것입

신을 믿는 사람들'이다. 아랍어로 이슬람교도를 뜻하는 용어인데, 영어권에서는 모슬렘moslems이라 칭한다. 우리나라에서는 국립국어원의 외래어 표기법(영어)에 따른 '모슬렘'이 현재까지의 표준어인데, 국립국어원의 아랍어 표기법이 아직 마련되지 않아 '무슬림'의 표기가 심의되지 않았기 때문이다. 다만, 본 책에서는 아랍어 발음에 가까운 '무슬림'이라는 용어를 사용하기로 한다.

니다. 우리와 다른 사람들의 삶을 이해하고 귀를 기울이는 것, 그리고 서로를 이해하며 함께 살아갈 세상을 만드는 것이 우리가 지리를 배우는 이유 중 하나입니다. 그렇다면 인도의 소 이야기에 한 걸음 더 다가가볼까요.

소를 신성시하는 힌두교,
그런데 소라고 다 같은 소가 아니다

인도의 소는 외양간에만 있지 않습니다. 길거리에도, 도로 한복판에도 편하게 자리를 차지하고 있습니다. 우리나라에서는 상상도 할 수 없는, 한마디로 '소의 천국'입니다. '역시 인도 사람들은 소를 신성시하는구나!'라고 생각할 만합니다. 그렇다면 다음 이야기를 볼까요.

> 처음 인도에 갔을 때 가장 놀랐던 것은 소가 도로 한복판에 앉아 되새김질하는 모습과 이를 보고 대수롭지 않다는 듯 알아서 피해 가는 운전자들의 아량이었다. 그 모습을 보고 소를 숭배하는 나라에 온 걸 실감했다. 이 생각이 와장창 깨진 건 그로부터 얼마 지나지 않아서다. 그날은 여행자들이 우글거리는 델리의 네루 바자르라는 시장통을 걷고 있었다. 앙상한 갈비뼈를 드러낸 소 한 마리가 눈치를 힐끗 보더니 긴 혀로 좌판에 있던 양배추를 스윽 감아 꿀꺽 삼켰다. 텔레비전을 보던 주인은 소의 만행을 알아채자마자 솥뚜껑만 한 손으로 소의 귀싸대기를 냅다 후려갈겼다.

인도 뭄바이
길거리의 소

커다란 얼굴이 휙 하고 돌아갈 정도로 강한 매질에 소는 음매 하고 서글프게 울며 인파 속으로 도망쳤다. 채소가게 주인은 소가 사라진 뒤에도 한참이나 더 욕을 했다. 머릿속이 혼란스러웠다. 인도 사람들은 소를 숭배하는 게 아니었어? 고정관념이 깨지자 그동안 무심하게 지나쳤던 풍경이 눈에 들어왔다. 인도 어딘가에는 죽어라 일만 하는 소가 있었고, 다른 어딘가에는 명절이 되면 알록달록한 색으로 치장하고 반려동물 대접을 받는 소도 있었다.

– 전명윤, 2019, 《환타지 없는 여행》, 사계절, 91쪽.

무척이나 생생한 인도의 소 이야기지요? 소는 힌두교도에게 신성한 동물입니다. 그런데 사실 알고 보면, 소를 신성시한다고 해서 모든 소를 숭배하는 것은 아닙니다. 정확히 이야기하면 '암소'를 어머니와 같은 존재로 숭배합니다.* 암소는 어머니와 같은 존재이기에 보호해야 한다는 이야기인데, '암소 = 어머니'라는 정의는, 장성한 아들이 모시고 부양하는 어머니가 아닙니다. 어린 내게 모유를 제공하고, 똥 기저귀 빨아주며 이런저런 뒤치다꺼리를 해주는 어머니에 가깝습니다. 숭고한 '모성'을 핑계로 끊임없이 착취 대상으로 삼는

* 암소를 진짜 어머니로 '숭배'한다기보다 어머니처럼 우리에게 모든 것을 내주니(농업 인구가 많은 인도에서 농사를 짓는 데 크게 쓰일뿐더러, 우유를 비롯한 요구르트·치즈·버터는 없어서는 안 될 중요한 식재료가 되고, 똥·오줌은 연료·소독제 등의 용도로 요긴하게 쓰인다) 그만큼 소중하다 정도의 의미다. 종교적으로 숭배한다고 해서 그 짐승을 실제로 숭배하는 것은 아니다(출처: 이광수, 2018, 《인도 100문 100답》, 앨피, 37·40쪽).

존재라고나 할까요.[65]

힌두교는 다신교라서 다양한 신을 믿습니다. 브라마(창조를 주재하는 신), 비슈누(세계 질서를 유지하는 신), 시바(파괴와 생식의 신)가 삼주신三主神을 이룹니다. 그중 시바는 난디라고 부르는 흰빛의 소를 타고 다니지요. 또한 힌두교도들에게 인기가 많은 비슈누의 화신 크리슈나는 암소의 보호자입니다. 이는 인도에서 특히 '암소'가 보호받는 종교적 이유입니다.

그렇다면 다른 소들은 어떨까요? '수소'는 거세당한 채 죽을 때까지 노동에 동원됩니다. 암소 아래 거세당한 수소가 있고, 그 아래에 물소가 있습니다. '물소buffalo'는 죽음의 신 야마가 타고 다니는 동물입니다. 그래서 암소와 달리 힌두교도들에게 부정적으로 여겨집니다. 결론적으로, 카스트처럼 소들도 계급이 나뉩니다.

놀랍게도 인도는 세계에서 두 번째로 소고기를 많이 수출하는 나라입니다. 그럼 어떻게 소를 도축해서 수출까지 할까요?

세계 주요 소고기 수출국 인도,
그리고 소를 둘러싼 갈등

인도의 소 사육 두수頭數는 3억 마리가 넘는데, 그중 물소 사육 두수는 1억 900만 두에 달합니다(2019년 기준).[66] 이 중 인도에서 수출하는 소고기는 주로 물소고기로, 이를 버프buff라고 해서 비프beef와 구분

인도 총리 나렌드라 모디

합니다. 하지만 버프든 비프든 모두 소고기로 치는 국제 기준* 덕분에 인도는 세계 주요 소고기 수출국 지위를 지키고 있습니다.[67]

힌두교도에게는 소고기를 먹는 것은 고사하고 도축 또한 금지되어 있습니다. 따라서 인도의 소고기 산업은 무슬림이 주도합니다. 주州마다, 특히 뭄바이와 첸나이에서는 무인가 도축장이 엄청나게 성업 중이고, 여기서 도축된 소고기가 전 세계로 수출되면서 인도 경제에 크게 이바지한다는 사실은 공공연한 비밀입니다. 그런데 소고기 도축을 둘러싸고 인도 전체가 시끄러워진 지는 오래되었습니다.[68]

* Beef and Buffalo Meat로 묶어서 통계를 산출한다.

최근의 소고기 도축을 둘러싼 갈등은 나렌드라 모디Narendra Modi(1950~) 총리와 인도인민당Bharatiya Janata Party, BJP이 집권한 2014년부터 시작되었다고 볼 수 있습니다.

모디는 매우 독실한 힌두교도인데, 이들은 '힌두 민족주의'를 전면에 내세우며 쉬지 않고 힌두주의 정책을 펼쳤습니다. 그 인기에 힘입어 모디는 2019년 총선에서 압승을 거두며 재선에 성공했습니다. 그들이 펼친 대표적인 힌두주의 정책 중 하나가 바로 주마다 제정하게 한 '소 도축 금지 정책'입니다.

소 도축에 관한 규정은 몇 개의 범주로 나뉩니다. 암소든 황소든 물소든 상관없이 도축이나 판매에 문제가 없는 주, 모든 소의 도축이 완전히 금지된 주,* 암소 도축만 금지된 주 등으로 나뉘어 있습니다.[69] 그로 인해 소 도축이 자유로운 주로 암소를 밀반출하다 힌두 근본주의자들에게 적발되어 죽임을 당하는 일도 벌어지고 있습니다. 그 피해자는 대부분 소 도축으로 생계를 유지하는 무슬림입니다.[70] 소 보호는 '힌두 민족주의'의 핵심이므로, 종교로 인한 인도의 분열은 더욱 격화되고 있습니다. 그리고 극단적인 힌두 근본주의자들의 악행으로 갈등이 더욱 표면화되고 있습니다.

인도는 마하트마 간디(1869~1948)와 자와할랄 네루Jawaharlal Nehru

* 나렌드라 모디 총리가 주지사를 지낸 인도 서부의 구자라트주는 모든 소의 도축이 완전히 금지되어 있으며, 2017년부터는 암소를 도살하면 최고 종신형으로 처벌할 수 있게 되었다. 소고기를 운반하기만 해도 10년 이하 징역이 부과되며, 당국은 소고기 운반에 사용된 차량을 몰수할 수 있다.

원래 힌두교의 축제였으나,
최근에는 비힌두교인들까지 함께 즐기고 있는 인도 홀리 축제

(1889~1964) 총리 이래 종파 다원주의 원리를 지향해왔습니다. 그 정신은 인도의 헌법에 특별한 배려로 담겨 있지요. 헌법에 담긴 국민의 기본 의무 중 하나는 '종교, 언어, 지역을 초월한 인도 국민들 간의 형제애를 증진할 의무'입니다. 2019년에 개정된 104번째 헌법 제15조에서도 여전히 '종교, 인종, 카스트, 성별, 출생지 등에 따른 차별 금지'를 강조하고 있습니다.[71] 다른 나라와 달리 다양한 토착적 문제를 가진 인도는 언제쯤이면 헌법 정신대로 형제애를 발휘하는 다원성을 갖추게 될까요?

길쭉한데도 알려진 적 없는 나라

길고 짧은 것은 재봐야 안다

브라질

우리나라의 남북 길이를 재보자

무언가를 측정하고 싶어 하는 것은 우리의 본능입니다. 세계에서 가장 긴 하천은 어디일지 호기심을 가지고 많은 탐험가가 긴 하천들을 탐험하며 길이를 측정하고 비교해왔습니다. 하천의 길이를 잴 때는 하천의 발원지부터 종착지까지 길이를 재면 됩니다. 우리가 양팔 간격을 알려면 왼쪽 손가락 끝과 오른쪽 손가락 끝, 키를 알려면 발끝부터 머리끝까지 재는 것과 마찬가지입니다. 즉, 끝과 끝을 알아야 길이를 잴 수 있습니다. 따라서 세계 각 나라의 길이를 재는 것은 각 나라 끝에 해당하는 극 지점을 찾는 것부터 시작해야 합니다. 각 나라에는 4개의 극 지점(극동, 극서, 극남, 극북 지점)이 존재합니다.

길이 계산의 기준이 되는 극 지점의 경·위도 좌표를 제시하기는 쉽습니다. 문제는 경·위도 좌표를 제시하기 위한 극 지점이 있는 영토를 어디로 선정하느냐 하는 것입니다. 본토로 선정해야 할지, 그

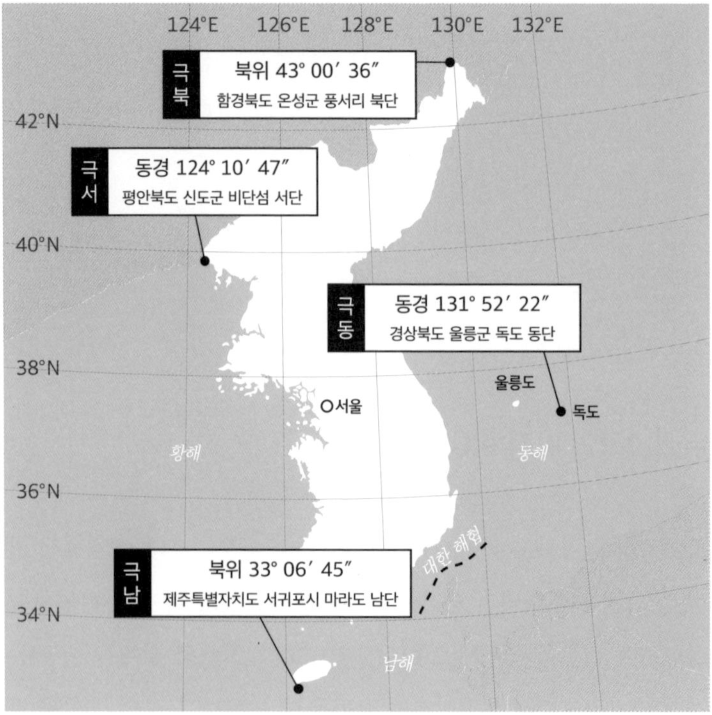

우리나라의 4극(국토지리정보원)

부속 도서로 선정해야 할지 말이죠. 그렇다면 우리나라의 극남 지점은 한반도 최남단 해남군 땅끝 마을에 있을까요? 아니면 그보다 더 남쪽인 마라도에 있을까요? 많은 고민이 들 수밖에 없습니다. 하지만 다행히 모두가 합의할 수 있는 근거가 되는 헌법 제3조 "대한민국의 영토는 한반도와 그 부속 도서로 한다"에 따르면 우리나라 극남 지점은 마라도 남단인 33°06′45″N입니다. 따라서 우리나라 남북 길이는 극북 지점(43°00′36″N)과 극남 지점(33°06′45″N) 간 거리인 약 1,100㎞가 됩니다.

한 나라의 길이를 잰다는 것은 생각보다 단순하지 않다

우리나라의 남북 길이를 재봤으니 세계 각 나라의 길이도 잴 수 있을 것 같습니다. 그런데 사실 이 문제는 생각보다 단순하지 않습니다. 우리에게는 익숙하지 않지만, 영토에 '본토와 그 부속 도서'뿐만 아니라 '해외 영토' 등까지 포함하는 경우가 있기 때문입니다.

남아메리카에 프랑스의 영토가 있다는 사실을 알고 있나요? 보통 프랑스의 영토라고 하면 에스파냐-벨기에-룩셈부르크-독일-스위스-이탈리아에 둘러싸인 유럽의 땅을 떠올릴 겁니다. 그런데 남아메리카에 있는 프랑스령 기아나French Guiana 등은 해외의 또 다른 프랑스라 할 수 있습니다. 프랑스는 식민지 시대 이후 이어져온 영토를 세계 곳곳에 가지고 있지요. 심지어 남극 조약The Antarctic Treaty으로 인해 남극 대륙은 그 어느 나라의 영토도 될 수 없지만, 지정학적으로 연고가 있는 프랑스는 노르웨이, 뉴질랜드, 아르헨티나, 영국, 오스트레일리아, 칠레와 함께 영유권을 주장하고 있습니다.

노르웨이도 마찬가지입니다. 북극해에 있는 스발바르 제도의 로스섬Ross Island과 남태평양에 있는 해외 영토 부베섬Bouvet Island을

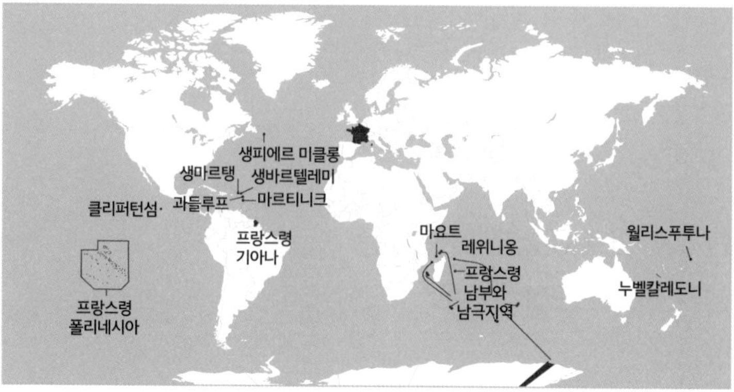

프랑스의 해외 영토

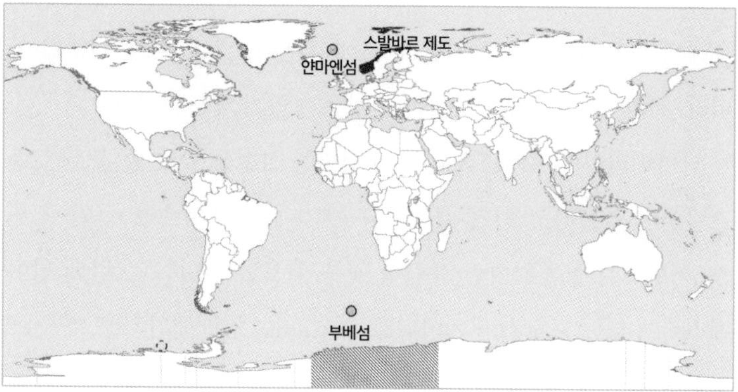

남북으로 긴 나라, 노르웨이

기준으로 한다면, 노르웨이는 남북으로 엄청 긴 나라가 될 것입니다. 게다가 노르웨이가 영유권을 주장하는 남극 대륙까지 포함하면, 사실상 남북극에 영토가 뻗어 있는 가장 긴 나라가 됩니다.

본토만으로 구성된 나라가 있는 반면에 섬을 가진 나라도 있고,

섬으로만 이루어진 나라도 있습니다. 해외 영토 등도 고려해야 합니다. 즉, 세계 각 나라는 영토의 형태와 구성이 워낙 다양해 모든 나라의 길이를 동일한 기준으로 재는 것은 사실 불가능에 가깝습니다. 따라서 세계 각 나라 길이를 비교할 때는 '본토라 할 수 있는 곳의 극지점 간 거리'를 기준으로 하는 것이 가장 타당한 방법이 아닐까 합니다.

땅은 2차원의 평면이 아니다!

그렇다면 세계에서 가장 긴 나라는 어디일까요? 보통 칠레가 가장 긴 나라로 알려져 있지만, 세계에서 가장 긴 나라는 단연코 러시아라 할 수 있습니다. 단순히 길이만 묻는다면 남북 길이뿐만 아니라 동서 길이도 함께 고려해야 하기 때문입니다. 러시아는 본토만 따져도 페초르스키Pechorsky District에 있는 극서 지점부터 데즈뇨프곶Cape Dezhnyov에 있는 극동 지점 간 대권 거리가 약 6,200㎞입니다. 대권great circle은 지구 중심을 지나는 평면으로 잘린 원인데, 지구에 있는 두 지점 사이 최단 거리는 항상 대권에 있습니다. 쉽게 말하면 대권 거리가 최단 거리인 셈입니다. 그렇다면 칠레는 세계에서 남북으로 가장 긴 나라일까요? 세계에서 남북으로 가장 긴 나라라는 것을 어떻게 증명해야 할까요? 이를 위해서는 다음 사항을 고려해야 합니다.

첫째, 지도에서는 길이를 재기 어렵습니다. 구체인 지구를 종이와 같은 평면상에 표현하면 왜곡이 생길 수밖에 없습니다. 이렇게 왜곡이 발생한 지도상에 두 지점을 찍어가면서 거리를 잰다면, 그 거리는 당연히 부정확하겠지요. 두 지점 간 실제 거리는 2차원 지도상의 직선거리가 아닌, 3차원 구체상 호arc의 길이여야 하기 때문입니다. 그래서 평면으로 그려진 세계 지도에서 자로 재더라도, 지구에 있는 나라의 정확한 길이를 알 수 없습니다. 특히 '메르카토르 도법'으로 그려진 지도는 고위도가 지나치게 확대되어 길이를 파악하기 어렵습니다.

둘째, 위도가 필요합니다. 지구는 구체에 가까워 남북 길이를 계산하려면 극북 지점과 극남 지점 간 위도 차이를 알아야 합니다. 마치 머리끝과 발끝을 표시하는 것처럼, 두 지점 간 거리는 대권 거리가 되기 때문입니다. 단순히 원리만 보면 마치 BC 200년경 막대기 하나로 지구의 둘레를 계산했던 고대 그리스 철학자 에라토스테네스Eratosthenes(BC 274~BC 196)의 방법과 같습니다. 둥근 지구의 호를 계산하는 과정 말입니다. 에라토스테네스는 이집트의 알렉산드리아와 시에네 간 거리를 약 925㎞라고 측정했습니다. 보폭이 동일한 사람과 동반해 걸음 수를 세고, 그로써 거리를 가늠했지요. 그리고 삼각비와 평행선의 성질을 활용해 '알렉산드리아—지구 중심—시에네' 사이에 끼인 각이 약 7.2°라고 추정했습니다. 결국 비례식 '7.2:925 =360:(지구 둘레)'를 통해 지구 둘레 길이가 약 4만6,250㎞라고 계산했지요.

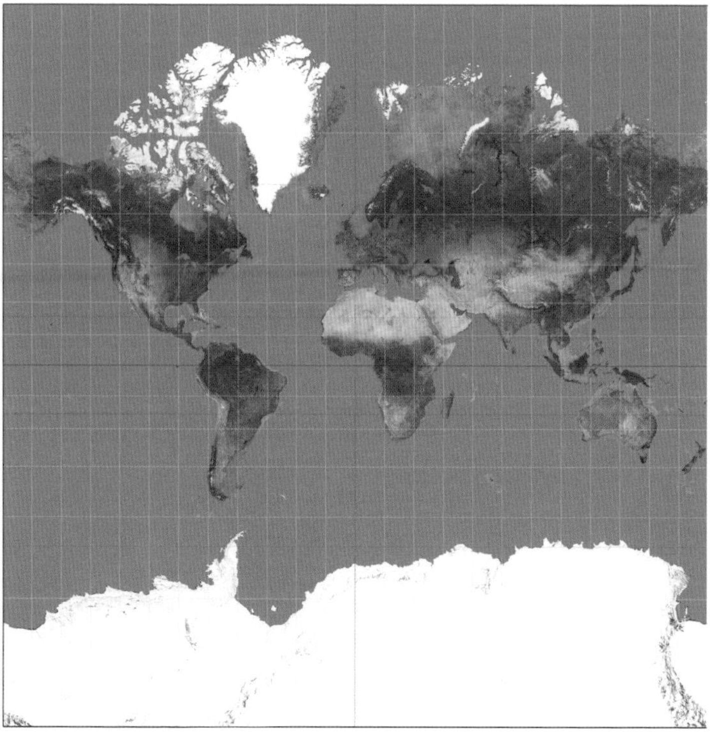

메르카토르 도법으로 제작한 지도. 실제 아프리카는 그린란드보다 14배 크지만, 비슷한 크기로 그려져 있다. ©Strebe

에라토스테네스 방식대로 하면 아주 쉽게 같은 경선 상에 놓인 두 지점 간 거리를 계산할 수 있습니다. 하지만 두 지점이 대각선으로 놓여 있을 경우에는 계산하기 어렵습니다. 그렇다고 피타고라스의 정리를 사용할 수도 없고요. 앞서 언급한 바와 같이 지구는 3차원의 구체이기 때문에 피타고라스의 정리를 사용해 길이를 재면 오차가 발생합니다. 지구 곡률의 영향을 받기 때문이죠. 그리고 두 지점 간 거리가 멀어질수록 오차는 더욱 커집니다.

따라서 '하버사인 공식Haversine Formula'이 가장 많이 사용됩니다. 하버사인 공식은 구球, sphere에서 두 지점 사이 최단 거리를 구할 때 쓰이는 식으로, 계산 과정이 아주 복잡합니다.

지구가 완전한 구체라면 하버사인 공식을 활용한 두 지점 간 거리가 정확하겠지만, 지구는 완전한 구체가 아닙니다.[72] 따라서 두 지점 간 거리는 최대 22㎞ 또는 0.3%까지 오차가 발생할 수 있다고 합니다. 하버사인 공식은 지도 앱의 최단 거리 계산에 활용되기도 합니다.

그렇다면 세계에서 남북으로 가장 긴 나라는 브라질(?)

미국 중앙정보국CIA에서 발행하는 《월드 팩트북The World Factbook》에 따르면 "칠레는 위도 39°의 범위에 걸쳐 펼쳐지는 세계에서 남북으로 가장 긴 나라"로 소개되어 있습니다. 그런데 칠레가 남북으로 가장 긴 나라가 맞는지 찾다 보면 "칠레는 브라질보다 긴가요?", "브라질은 가장 긴 나라인가요?" 등의 연관 검색어가 등장합니다. 오히려 브라질이 칠레보다 더 길다는 정보가 검색되기도 합니다. 위키피디아는 "브라질은 남북으로 4,395㎞에 달하는 세계에서 가장

브라질과 칠레, 누가 누가 더 길까요?*

출처	나라	남북 길이
브리태니커 백과사전 (영문판)	브라질	남북으로 약 4,350km에 달함
	칠레	페루와의 경계(17°30′S)에서 남아메리카의 끝인 혼곶(56°S)까지 약 4,300km에 달함
위키피디아 (영문판)	브라질	남북으로 4,395km에 달하는 세계에서 가장 긴 국가임
	칠레	남북으로 4,270km에 달함
각국 정부 홈페이지	브라질	정보 없음
	칠레	4,270km
대한민국 외교부 문서	브라질	남북 거리 4,320km
	칠레	남북 총연장 4,300km로 위도에 따라 기후가 다양함

긴 국가"로 정리하고 있습니다. 브리태니커 백과사전에서도 브라질이 칠레보다 약 50km 더 길다고 되어 있지요. 과연 무엇이 진실일까요?

브리태니커 백과사전, 위키피디아, 각국 정부 홈페이지에는 브라질과 칠레의 남북 길이가 모두 다르게 설명되어 있습니다. 이는 '서로 다른 극북 지점과 극남 지점을 기준으로 거리를 측정했기 때문'이라고 추측됩니다. 왜 이런 혼선이 생겼을까요?

브라질Brazil의 극북 지점(카부라이산Monte Caburaí 북단)과 극남 지점(바라 두 추이Barra do Chuí 남단), 그리고 칠레의 극북 지점(비스비리

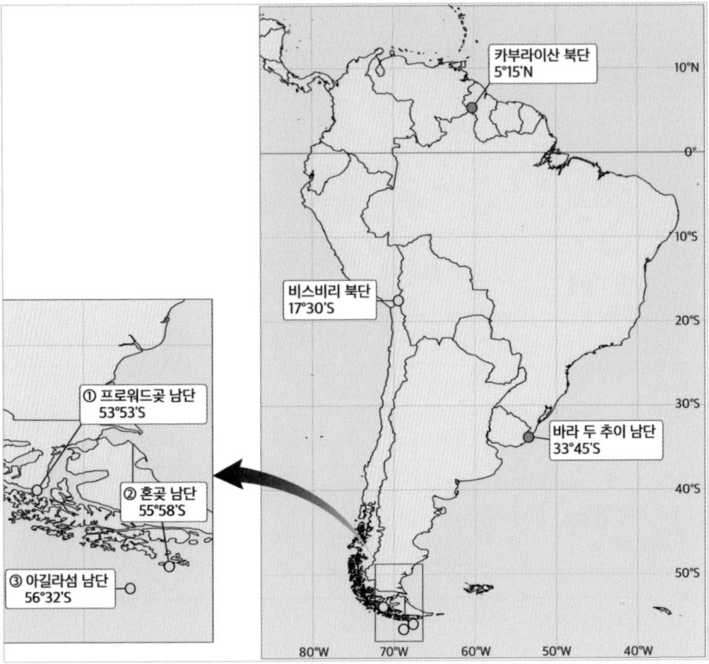

브라질과 칠레의 극북 지점과 극남 지점

Visviri 북단)은 모두 본토에 있습니다. 문제는 칠레의 극남 지점입니다. 크게 ①본토의 프로워드곶Cape Froward 남단, ②티에라델푸에고 제도의 오르노스섬에 있는 혼곶Cape Horn 남단, ③디에고 라미레즈 제도에 있는 아주 작은 아길라섬Aguila Islet 남단으로 구분됩니다. 결국, 극남 지점을 어디로 보느냐에 따라 칠레의 남북 길이는 달라질 수밖에 없습니다.

앞에서 세계 각 나라 길이를 비교할 때는, '본토라 할 수 있는 곳

혼곶

브라질과 칠레의 남북 길이 비교*

구분	브라질	칠레		
극북 지점	본토의 카부라이산 북단: 5°15'N	본토의 비스비리 북단 : 17°30'S		
극남 지점	본토의 바라 두 추이 남단: 33°45'S	① 본토의 프로워드곶 남단: 53°53'S	② 티에라델푸에고 제도의 혼곶 남단: 55°58'S	③ 디에고 라미레즈 제도의 아길라섬 남단: 56°32'S
남북 길이	4,334㎞	4,043㎞	4,274㎞	4,337㎞
비고	"브리태니커: 4,350㎞ 위키피디아: 4,395㎞ 우리나라 외교부 간행물(2018): 4,320㎞"		브리태니커: 4,300㎞ 위키피디아: 4,270㎞ 칠레 정부 홈페이지: 4,270㎞ 우리나라 외교부 간행물(2019): 4,300㎞	

의 극 지점 간 거리'로 하는 것이 어느 정도 동일한 기준으로 비교하는 방법의 하나가 될 수 있다고 이야기했는데, 이에 따르면 브라질이 칠레보다 확실히 남북으로 긴 나라라고 할 수 있을 것입니다. 그리고 두 나라의 모든 영토를 고려해 남북 길이를 비교한다면 칠레의 '혼곶'과 '아길라섬'을 고려해야 합니다. 전통적으로 남아메리카 최남단이자 칠레 최남단은 '혼곶'으로 알려져왔습니다. 그런데 이로부터 남

서쪽으로 약 100㎞ 떨어진 '아길라섬'을 칠레의 최남단으로 보는 시각도 존재합니다.[73]*

결론적으로, 칠레의 극남 지점을 어디로 보느냐에 따라 세계에서 남북으로 가장 긴 나라의 순위가 변동될 수도 있습니다. 최남단을 혼곶으로 볼 경우에는 브라질이 칠레보다 60㎞ 정도 더 길고, 최남단을 아길라섬으로 볼 경우에는 칠레가 브라질보다 3㎞ 정도 더 깁니다. 어찌 되었든 우리가 알 수 있는 사실은 '브라질은 칠레 못지않게 남북으로 매우 긴 나라'라는 것입니다. 길고 짧은 것은 대보면 아는 것처럼 두 나라가 인접해 쉽게 비교되는데, 왜 우리는 이 사실을 잘 몰랐을까요? 칠레의 좁고 긴 형태와 브라질의 동서 방향으로도 긴 형태가 일으킨 착시 아닐까요? 가끔은 당연한 것을 다른 시선으로 바라보는 것도 나쁘지 않은 것 같습니다.

* 극북 지점과 극남 지점의 위도를 바탕으로 미국 해양대기청(NOAA)에서 제공하는 관련 사이트(https://www.nhc.noaa.gov/gccalc.shtml)에서 하버사인 공식을 활용해 계산한 거리다.

주석

1 Kotra, 2020, 싱가포르 출장자료, 11쪽.
2 박원길, 2009, 〈몽골역사: 몽골과 바다〉, 《몽골학》 26(0), 99~144쪽.
3 https://www.mof.go.kr/article/view.do?articleKey=11649&boardKey=2&currentPageNo=1
4 〈한·투발루 협력 증진을 위한 참다랑어 외해양식 투자의 타당성 분석〉, 2017, 해양수산개발원.
5 https://www.chosun.com/site/data/html_dir/2019/05/17/2019051702084.html.
6 남영우·박선미·손승호·김걸·임은진, 2019, 《아주 쓸모 있는 세계 이야기》, 푸른길, 196~198쪽.
7 https://www.yna.co.kr/view/AKR20210223003600098.
8 http://culzine.com/paper/view/981.
9 한국우주항공교육원, 2012, 《항공과학원리》, 2쪽.
10 Darrel Hess, 윤순옥 외 옮김, 2011, 《McKnight의 자연지리학》, 시그마프레스, 73~74쪽.
11 Darrel Hess, 윤순옥 외 옮김, 앞의 책, 74쪽.
12 https://data.worldbank.org/indicator/NY.GDP.PCAP.CD?locations=MC.
13 https://www.donga.com/news/Economy/article/all/20190415/95065828/1.
14 https://www.meconomynews.com/news/articleView.html?idxno=36854. http://biz.newdaily.co.kr/site/data/html/2020/03/10/2020031000136.html.
15 https://www.thedailypost.kr/news/articleView.html?idxno=72840.
16 https://news.joins.com/article/23671122.
17 세계은행 2019년 데이터. https://data.worldbank.org/indicator/.

18 https://worldpopulationreview.com/country-rankings/neutral-countries
19 재레드 다이아몬드, 김진준 옮김, 1998, 《총, 균, 쇠》, 문학사상사, 603쪽.
20 얼음왕국 스웨덴 혁신해 북방 강소국 만들다, https://news.joins.com/article/20446548.
21 김인춘·김욱(2008), 〈유럽통합과 스웨덴 중립노선: 역사, 성격, 진화〉, 《한국과 국제정치》 제24권 제4호, 221~253쪽.
22 전종한·김영래·홍철희·장의선·한희경·최재영·천종호·노재윤, 2020, 《세계지리 경계에서 권역을 보다》 제2판, 사회평론아카데미, 390쪽.
23 유인선 외, 2014, 《사료로 보는 아시아사》, 위더스북, 405~407쪽.
24 조흥국, 2010, 〈동남아시아에 대한 유럽 식민주의의 동기와 영향〉, 《동남아연구》 20(1), 191~231쪽.
25 통차이 위니짜꾼, 이상국 옮김, 2019, 《지도에서 태어난 태국》, 진인진, 366쪽.
26 https://www.sisain.co.kr/news/articleView.html?idxno=42233.
27 전종한·김영래·홍철희·장의선·한희경·최재영·천종호·노재윤, 2020, 《세계지리 경계에서 권역을 보다》 제2판, 사회평론아카데미, 250쪽.
28 http://contents.history.go.kr/front/hm/view.do?treeId=010701&tabId=03&levelId=hm_116_0110.
29 홍성길 외, 2002, 〈한국 표준시 제도의 타당성에 대한 연구〉, 《한국지구과학회지》 23(6), 494~506쪽.
30 https://twitter.com/DUALIPA/status/1284928447912050688?ref_src=twsrc%5Etfw%7Ctwcamp%5Etweetembed%7Ctwterm%5E1284928447912050688%7Ctwgr%5E%7Ctwcon%5Es1_&ref_url=https%3A%2F%2Fwww.bbc.com%2Fnews%2Fworld-europe-53483451.
31 https://www.cia.gov/library/publications/the-world-factbook/geos/kv.html.
32 https://www.mfa-ks.net/al/politika/484/lista-e-njohjeve/484.
33 https://theconversation.com/what-makes-a-state-a-state-why-places-like-kosovo-live-in-limbo-132403.
34 https://thetimeshub.in/diplomatic-bobbin-lace-in-the-match-of-spain-against-kosovo/16596/.
35 https://theconversation.com/what-makes-a-state-a-state-why-places-like-kosovo-live-in-limbo-132403.
36 https://knoema.com/infographics/kchdsge/number-of-starbucks-stores-globally-1992-2021.

37 https://news.mt.co.kr/mtview.php?no=2019022200335817193.

38 https://news.mt.co.kr/mtview.php?no=2019022200335817193.

39 송규봉, 2020,《상권은 매출이다》, 북스톤, 127쪽.

40 https://www.bbc.com/news/world-asia-45347136.

41 https://www.newshub.co.nz/home/new-zealand/2020/08/wellington-volunteers-call-on-cat-owners-to-keep-pets-at-home-to-protect-local-birds.html.

42 https://predatorfreenz.org/city-cats-dont-know-can-find/.

43 https://daily.jstor.org/the-1876-map-of-the-worlds-ecozones-that-still-holds-up/.

44 http://ecotopia.hani.co.kr/75944.

45 Darrel Hess, Tom L. McKnight, 2014,《McKnight's Physical Geography》, Pearson, 354쪽.

46 Darrel Hess & Tom L. McKnight, 윤순옥 외 옮김, 2019,《McKnight의 자연지리학》, 시그마프레스, 329~330쪽.

47 김현희 외, 2016, 〈전라남도 남해안 도서식물상의 도서생물지리학적 특성〉,《한국기후변화학회지》 7(2), 143~155쪽.

48 박진영·허민, 2014, 〈펭귄의 진화〉.《고생물학회지》 29-30(1-2), 37~44쪽.

49 https://newzealandecology.org/nzje/1863.

50 Juliane L. Fry, Hans-F Graf, Richard Grotjahn, Marilyn N. Raphael, Clive Saunders, Richard Whitaker, 2011,《The Encyclopedia of Weather and Climate Change 1st edition》, 193쪽.

51 전종한, 김영래, 홍철희, 장의선, 한희경, 최재영, 천종호, 노재윤, 2020,《세계지리 경계에서 권역을 보다》 제2판, 163~164쪽.

52 지리교육연구회 지평, 2005,《지리 교사들 남미와 만나다》, 77쪽.

53 https://www.bbc.co.uk/blogs/scotlandlearning/2010/01/why-is-the-atacama-desert-so-d.shtml.

54 미국지질조사국(United States Geological Survey, USGS), 2021, Mineral Commodity Summaries 2021, 53쪽.

55 칠레 구리 위원회(Cochilco), 2019, YEARBOOK: Copper and other Mineral Statistics 2000-2019, 16쪽.

56 지리교육연구회 지평, 2005,《지리 교사들 남미와 만나다》, 70쪽.

57 미국지질조사국(USGS), Mineral Commodity Summaries 2021 재구성.

58 칠레 구리 위원회(The Chilean Copper Commission, Cochilco), 2019, YEARBOOK: Copper and other Mineral Statistics 2000-2019 재구성.

59 한양대학교 아태지역연구센터, 2010,《유라시아 지역의 국가·민족 정체성》, 한울아카데미, 332~344쪽.

60 https://www.refworld.org/docid/3ae6a6073.html.

61 https://www.hankyung.com/society/article/2014012364367.

62 이광수, 2018,《인도 100문 100답》, 앨피, 6쪽.

63 https://www.worldometers.info/population/countries-in-asia-by-population/.

64 미야지 슈사쿠, 2018,《경제는 지리》, 7분의 언덕, 253쪽.

65 sisain.co.kr/news/articleView.html?idxno=30430.

66 미국 농무부(United States Department of Agriculture, USDA).

67 전명윤, 2019,《환타지 없는 여행》, 사계절, 95쪽.

68 이광수, 2018,《인도 100문 100답》, 앨피, 367쪽.

69 이광수, 앞의 책, 362쪽.

70 이광수, 위의 책, 367쪽.

71 https://world.moleg.go.kr/web/dta/lgslTrendReadPage.do?AST_SEQ=139&CTS_SEQ=48069&ETC=1&.

72 2011년 12월 30일이 없는 나라, 사모아 관련 내용 참고.

73 https://www.worldatlas.com/articles/the-most-extreme-points-of-chile.html.

인명

일반 용어